楽しい調べ学習シリーズ

さぐろう生物多様性

身近な生きものはなぜ消えた？

小泉武栄［監修］　岡崎　務［著］

PHP

はじめに

　日本の自然の特徴は、四季の変化と温暖で湿潤な気候、そして美しい景観がながめられることです。とくに豊かな水と森にめぐまれた景観は身近にあります。このような自然環境の下に、多様な生きものがさまざまな場所で、いろんなくらしを営んでいます。美しく豊かな景観が見られるのは、多様な生きものたちがいるおかげです。

　海の向こうでも、無数の生きものたちがくらし、みんなで美しい地球の景観をつくりだしています。地球上の数えきれないほどたくさんの生きも

のの命は、たがいに環のようにつながり、その命はときとともにめぐっています。人間もその命の環につながっています。日本にくらす生きものや私たちの命は、海の向こうの生きものや人びととともつながっているのです。

　ところがいま、このつながりに危険信号が点滅しています。日本でも海外でも、多くの生きものが姿を消し、絶滅しかけているのです。いったいどういうことでしょう。日本に、地球に、そして私たちに、どんな影響があるのでしょう。さあ、さぐってみましょう。

雪どけ水を集めたダム湖が水鏡となり、芽ぶきはじめた湖畔の森を映す。水は下流の田んぼをうるおし、人びとのくらしをささえている（岩手県西和賀町・錦秋湖）。

もくじ ●●●

▲ショウジョウトンボ

▲ハシブトガラス

▲初冠雪の南アルプス北岳。

▶ブナ林の紅葉。

▲絶滅危惧種の水生植物オニバス。

第3章　生物多様性をとりもどそう

この本の読み方

―生物多様性を知り、将来の地球のために、みんなのために考えよう

▲小魚をとらえたカワセミ。

地球上には植物、動物、菌類やバクテリアのような微生物など、さまざまな生きものがくらしています。これらの生きものはたがいにつながりながら、いろいろな働きをしています。「生物多様性」は、大ざっぱにいうとこの生きものの種類の多さとつながりや、働きのことをさします。

人間も生きものの一員です。生物多様性のおかげで私たちは多くのめぐみを得て、日ごろの衣・食・住など、くらしに生かしています。

生きものの歴史を見ると、人間はほかの生きものよりもおくれて登場しました。しかし、自然界の生物多様性をうまく利用する知恵がありました。その結果、ほかの生きものにはない高度な文明や文化を手に入れました。ところが、ここにきて人間は生物多様性に大きな負担をかけています。その結果どんなことがおこっているのでしょう。私たちは知らなくてはなりません。そして、生物多様性の危機に対してどうすればよいのか、よく考えて行動しなくてはなりません。この本ではそのヒントや手がかりをさぐります。

第1章では、日本の身近な自然、とくに田園地帯の生きものを追います。急速に姿を消した生きものにいま何がおこっているのか、その原因をさぐります。

第2章では、日本の自然がもともと生物多様性に富んでいるその理由を知ります。それらの自然からの「めぐみ」を通して、生物多様性とは何かをさぐります。そして、現在、日本の生物多様性をこわしている原因が何かを追求していきます。それらが海の向こうの生物多様性とも深い関係があることも明らかにします。

第3章では、失われた生物多様性をとりもどしたり発展させたりする活動例を紹介します。生物多様性と地球環境問題、さらに持続可能な開発目標（SDGs）との関係など、国際的な視点で生物多様性を見ていきます。

▲フキノトウの雄株（右）と雌株。

▲早春の花、フクジュソウ。

▲田んぼで多く見られるシマヘビ。

▲氷期の生きもの、シマリス。

第1章
身近な生きものに何がおこっている?!

▼カタクリ

▲台地が侵食されてできた谷に開かれた谷津田（茨城県土浦市宍塚）。

▲雑木林のチョウ、オオムラサキ。

▶アマガエル

　国土の4割以上をしめる田園地帯。そこには昔から私たちになじみの野生の生きものがくらしてきました。しかし、その身近な生きものが、この30～40年の間に急速に姿を消しています。いっぽう山奥では数がふえ、ときには人里にまで下りてくる動物がいます。また、自然らしい自然がないまちで数をふやしている野鳥がいます。いったいどうしてこんなことがおこっているのでしょう。

「めだかの学校」はどこにある?

童謡の主人公が消えた!!

　まちの郊外にひろがる田園地帯は、最近は里地・里山※1ともよばれています。そこには童謡に歌われてきた身近な生きものがくらしています。ところが童謡の主人公たちが急速に姿を消しているのです。そのひとつ、「めだかの学校」のメダカは環境省から「絶滅危惧Ⅱ類」※2に指定され、近い将来、日本からいなくなることが心配されています。いったいメダカに何がおこっているのでしょうか。

まだ、メダカのいる用水路で

　春、田んぼに通じる用水路（小川）の水がぬるんでくると、水面近くでメダカが群れになって泳ぐ「めだかの学校」が見られます。メダカは体が小さく、急な水の流れは苦手です。そのため学校があるのは、用水路のような流れの弱い川です。
　田植えのころは、日も長くなり水温も上がってきます。するとメダカはオスとメスがつがいになり、

▲春の小川で泳ぐメダカの群れ。流れに向かって泳ぐくせがある。群れにはとくにリーダーがいるわけではなく、だれが生徒か先生かきまっていない。

やがてメスが産卵をはじめます。卵は水草などにくっつけ、10日ほどすると稚魚が生まれます。

メダカを育てる田んぼ

　田植え後も、イネを育てるために田んぼには用水路から水が注がれます。メダカは水の流れに乗って田んぼへ移動します。日光を浴びた田んぼの水は温度が上がり、水中には藻やミジンコなどが発生します。それらはメダカのよいえさになります。

▲春、水温12℃以上になって活動をはじめたメダカのオス（左上）とメス（右下）。体長は3～4cm。日本で一番小さな淡水魚。オスは尻びれが広く、背びれに切れこみがあるので区別がつく。メスのほうがわずかに大きい。

◀腹に受精卵をつけたメダカのメス。産卵は水温15℃以上になるとはじまり、一度に30～40個の卵を産む。

▶水草にくっつけられたメダカの卵。産卵直後の卵の直径は約1.5mm。ふ化までの日数は水温でちがい、水温20℃では12日ほどでふ化する。流れに生える水草は、メダカの卵や稚魚の身をまもる「ゆりかご」。

◀生まれたばかりの稚魚。体長4～5mm。腹には"えさ"がとれるようになるまで栄養分の入ったふくろ（弁当）がある。

※1 里地・里山はどちらも農業に関連した環境政策の用語。一般的には丘陵地帯に田畑、用水路、ため池、雑木林、草原などがひろがる土地を里山とよんでいる。里山の景観やしくみについては14～15、28～29ページも参照。
※2 「絶滅危惧Ⅱ類」は、絶滅の危険が増大している種。

田んぼは水が浅いのでメダカをおそう大きな魚は入ってきません。しかし、トンボの幼虫のヤゴやタガメやゲンゴロウなど、肉食の水生昆虫がい

ます。また、シラサギなどの野鳥もやってきておそうので、たくさんいたメダカもしだいに数を減らしていきます。

　秋、米の収穫前に田んぼから水がぬかれますが、その前にメダカは流れを通して用水路へもどり、水たまりの落ち葉の下などで冬をこします。

メダカが消えたのはなぜ？

　メダカが生きるためには、次のような条件が必要です。①生活場所がある（食べものがとれる、休める、外敵から身をかくせる、子孫をのこせる）、②水の汚染、有害物質（農薬や除草剤など）がない、③移動の自由や安全がある、などです。

　まず①ですが、第二次世界大戦後、日本の産業は製造業（工業）や建設、交通、通信、エネルギー供給、商業などがさかんになりましたが、農業はおとろえていきました。そのため田んぼは減り、耕作をやめた休耕田がふえてきました。②については、農薬の強い毒でメダカが大量に死んだことがありました。

▶ほ場整備がまだされていない田んぼと素ぼりの用水路。用水路のまわりには草が生えて水面を適度におおい、水は重力にしたがい、ゆるやかに流れる。水草も生えていてメダカの産卵場所や稚魚のかくれ家になる。

▼ほ場整備された田んぼと用水路。ポンプで田んぼに水を入れ、用水路は排水を流すだけ。この落差ではメダカの移動は不可能。

　問題は③です。ほ場整備といって、最近の田んぼと用水路のしくみは、昔とすっかり変わりました。田んぼへの水の出し入れをポンプでおこなうので、メダカは用水路を使って田んぼの間を自由に行き来できなくなりました。用水路も多くがコンクリート製になったため水草が生えにくく、メダカの卵や稚魚をまもってくれる場所が消えてしまいました。そうなると子孫をのこすことができません。

昔の田んぼと用水路の関係

田ごしかんがい
（かけながし）

用水路かんがい
（用排兼用水路）

素ぼりの用水路

田んぼ

田んぼ

田んぼ

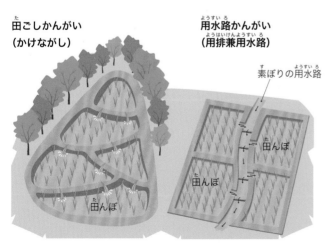

ほ場整備された田んぼと用水路の関係

用排分離型かんがい

用水路

田んぼ

ほ場整備された水田の暗渠排水と排水路

取水パイプライン

田んぼ

排水路

約1m

暗渠排水管

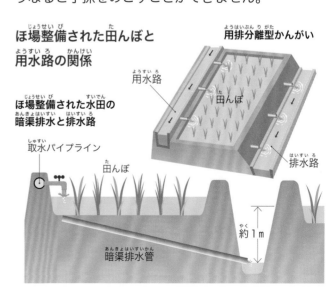

9

カエルの歌が聞こえてこない!

「かえるの合唱」のメンバー

　メダカがふつうにいたころ、初夏から夏にかけて、夜の田んぼではカエルの歌がよく聞かれました。カエルの歌は童謡「かえるの合唱」でもおなじみです。その擬音から声の主はアマガエルやダルマガエル、またはトノサマガエルと考えられています。いずれも田んぼではごくあたりまえのカエルでした。ところがダルマガエルとトノサマガエルは急にいなくなり、絶滅危惧種や準絶滅危惧種※に指定されたのです。

カエルの合唱は何のため?

　イネの苗がすくすく育つ初夏から夏にかけて、カエルは恋の季節をむかえます。田んぼにくるカエルはアマガエルや、関東地方ではダルマガエル、関西地方ではトノサマガエルが知られています。
　田んぼで歌っているのはすべてオスです。歌はほかのオスに対するなわばり宣言であるとともに、メスへの求愛の合図です。愛が成立するとオスは

▲カップルが成立して産卵をしようとしているトノサマガエル。上がオス、下がメス。オスの体長は5〜8cm、メスの体長は6〜9cm。卵を産むメスのほうが大きい。

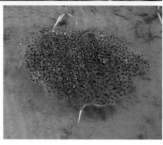

▶トノサマガエルの産んだ卵塊。一度に産む卵塊には卵が1300〜2200個も入っている。

メスの背後からだきついて産卵をうながします。産卵は4月から7月にかけてです。卵は約1週間でふ化してオタマジャクシになります。

オタマジャクシの成長と上陸

　オタマジャクシは水中でえら呼吸をしながら、田んぼに発生した藻やミジンコを食べて成長します。オタマジャクシは成長するにつれて後ろ足、前足が出てきます。7月から9月ごろ、小さなカエルの姿になると上陸します。陸では肺呼吸に変わりますが、皮ふ呼吸もするため、しめり気が必要で、あまり水からはなれません。

▲のどの左右にある鳴のうという"ふくろ"をふくらませて鳴くトノサマガエルのオス。鳴き声はググググゲゲゲ。

▶小さな体にもかかわらず、大きな声で鳴くニホンアマガエルのオス。鳴のうは1つ。体長2〜4cm。鳴き声はクァ、クァ、クァ。

※現時点での絶滅危険度は小さいが、生息条件の変化によっては、より危険度の高い絶滅危惧になる可能性がある種のこと。

▲ふ化から8日目のトノサマガエルの
オタマジャクシ。体長1.4cm

▲タガメにおそわれるオタマジャク
シ。タガメも絶滅危惧II類の昆虫。

▲上陸をはじめたトノサマガエルの子。まだ尾が少しのこっ
ている。肺呼吸をするようになったので、水に落ちるとおぼ
れて死ぬものもいる。

カエルは田んぼのまわりで昆虫やクモ、ミミズなどをとってくらします。いっぽうでヘビやシラサギなどの野鳥に食べられます。冬が近づくとカエルは田んぼの泥の中などにもぐってねむりにつきます。

減ったカエル、減らないカエル

なぜダルマガエルやトノサマガエルは減ったのでしょう。メダカで調べた条件（9ページ）をカエルにも当てはめてみましょう。①の生活場所はメダカ同様、田んぼが減りました。田んぼがあっても水がなければ、オタマジャクシも生きていけません。イネの品種によっては中干しといって、一時期、田んぼの水をぬきます。その時期に当たったオタマジャクシは悲劇です。しかし、アマガエルは中干しの前には、一足早くカエルになるので無事です。

休む場所に冬眠場所もふくめると危機的です。トノサマガエルやダルマガエルは田んぼの土の中でねむりますが、いまの田んぼは冬に水を完全にぬくので、土はカラカラです。カエルは皮ふ呼吸もするので乾燥すると死んでしまいます。いっぽうアマガエルは林などに移動してしめった場所で冬眠するので無事です。

②の有害物質の農薬はメダカ同様、強い毒だとカエルは死んでしまいます。③の移動は困難になっています。コンクリート製の用水路は落ちると、速い水に流されます。水のない用水路に落ちたときはジャンプしても上がれず、壁をよじ登ろうとしても手がかりがありません。その点、足に吸盤があるアマガエルは忍者のように壁を登って移動できます。

◀冬、水がぬかれてカラカラの現在の田んぼ。水がのこっていると収穫や田おこしのとき、重量がある大型の農機具を使えない。また、二毛作に畑として利用するために水がぬかれることもある。

▲足に吸盤のあるアマガエル。

赤とんぼを見たのはいつの日か？

秋の空を大群で移動するトンボ

　童謡「赤とんぼ」に歌われているトンボは何トンボでしょう。じつはアカトンボという名のトンボはいません。赤とんぼは小形で体が赤みをおびたトンボの総称です。その代表がアキアカネです。秋の夕ぐれの空をアキアカネの大群が通過したという目撃情報がニュースになったことがよくありました。夏の間、高原や山地で過ごしていたアキアカネが産卵場所を求めて平地に移動していたのです。ところが、最近、各地でアキアカネを見ない、激減しているという話が聞かれます。いったいどうしたのでしょう。

田んぼの1年とアキアカネ

　秋、イネ刈りが終わった田んぼで、たくさんの赤とんぼが飛んでいます。産卵にやってきたアキアカネです。夏の間、黄色みをおびていた体はすっかり赤くなっています。子孫をのこす季節をむかえたのです。気に入ったオスとメスはつがいになると交尾をします。このあとオスとメスは尾つながり状態で飛び、田んぼに水たまりを見つけると産卵をします。
　冬の間、アキアカネの卵は田んぼのしめった土の

▶ホウネンエビをとらえたアキアカネのヤゴ（右）。えものは水底で待ちぶせ、近くにくると折りたたんでいたあごを瞬時にのばしてとらえる。田んぼの水は浅いのでヤゴをおそう大きな魚は入ってこない。

▶6月下旬、羽化したばかりのアキアカネ。全長はメスが3.3〜4.5cm、オスが3.2〜4.6cm。

中で過ごし、田植えのころにふ化します。幼虫のヤゴは水中でえら呼吸をして、脱皮をしながら成長します。小さいときはミジンコ、大きくなるにしたがいメダカ、オタマジャクシなどをとらえて食べます。

羽化と長い旅

　夏の日ざしを浴びてイネはぐんぐんと育ちます。

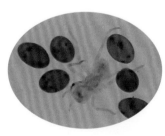
▶ふ化直前のアキアカネの卵とふ化したばかりの幼虫。卵は田んぼの土の中で冬ごしする。

◀尾つながり状態でイネ刈り後の田んぼで産卵するアキアカネ。無農薬の田んぼで育ったトンボが、同じ田んぼにもどってくるとはかぎらない。

▶箱施薬。箱で育てるイネの苗に農薬をまく方法。

田んぼの1年とアキアカネの一生

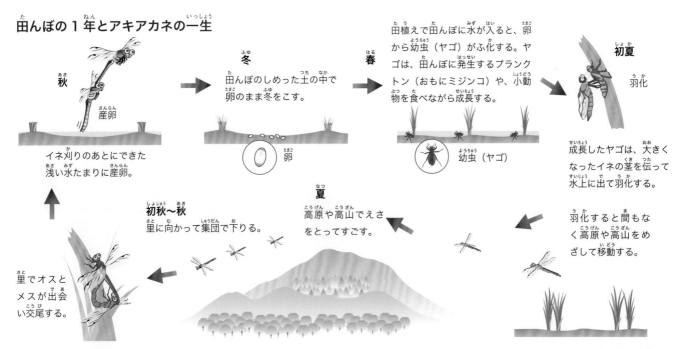

秋
産卵
イネ刈りのあとにできた浅い水たまりに産卵。

冬
田んぼのしめった土の中で卵のまま冬をこす。
卵

春
田植えで田んぼに水が入ると、卵から幼虫（ヤゴ）がふ化する。ヤゴは、田んぼに発生するプランクトン（おもにミジンコ）や、小動物を食べながら成長する。
幼虫（ヤゴ）

初夏
羽化
成長したヤゴは、大きくなったイネの茎を伝って水上に出て羽化する。

羽化すると間もなく高原や高山をめざして移動する。

夏
高原や高山でえさをとってすごす。

初秋〜秋
里に向かって集団で下りる。

里でオスとメスが出会い交尾する。

そんなある日、水中から出てきたヤゴはイネにつかまって羽化のときをむかえます。羽化は夜間にはじまり終わるのは朝です。はねがかわくとアキアカネはそのまま旅立ち、夏の間、すずしい高原や山地などでくらします。えさはおもにアブやハエなどの小さな昆虫で、飛びながら空中でとらえます。

　秋、アキアカネは体の色が赤くなってくると、子孫をのこすために里をめざします。

アキアカネが減ったのはなぜ？

　アキアカネの場合もメダカやカエルと同様、田んぼの変化に関係があります。①の生活場所は卵から幼虫時代を田んぼで過ごすので、田んぼがないとだめです。あっても休耕田は適していません。また、卵は田んぼの土の中で越冬するので、土がカラカラにかわいていると卵が死ぬことがあります。

　最近、問題になっているのが②の農薬です。イネの苗を箱で育てる間に農薬をまく方法がとられています。農薬は苗に吸収され、田植えがおこなわれると農薬が田んぼ一面にひろがるのです。そのころアキアカネの卵はふ化してヤゴが水中生活をはじめますが、農薬のために死んでしまうのです。

　このほか卵のふ化と田植えの時期が合っていない

地方があります。さらにイネの成長の途中で水をぬく中干しの時期に、まだ羽化ができないヤゴがいたら、やはり水がないので生きていけません。

<もっと知りたい>
田んぼの生きものの先祖はどこにいた？

　田んぼにいるメダカやカエル、アキアカネなどの生きものは、田んぼができる前の大昔はどんなところでくらしていたのでしょう。

　日本列島で水田稲作がはじまったのは、いまから約3000年前の弥生時代です。イネの先祖はアジアの亜熱帯地方の湿地に生えていた植物です。当時の田んぼは湿地のような場所につくられていました。

　田んぼを利用するメダカやカエル、アキアカネ、水生昆虫は、昔は川がはんらんしてできた湿地や沼、その周辺のゆるやかな流れでくらしていたと考えられています。水田や用水路、ため池などは、人間より先にすんでいた生きものには、くらしの場がひろがったも同然です。生きものたちは水田開発とともに、分布をひろげていったのでしょう。

林や草原からチョウや花が消えた!!

里山の雑木林や草原

　里山の風景は唱歌「故郷」に歌われているような世界です。里山の「里」とは、農業にたずさわる人びとがくらしている「むら」や集落のことです。里のまわりには田畑、用水路、ため池、雑木林、草原などがモザイク状に入り組んであります。かつて雑木林や草原では美しいチョウや草花が見られましたが、これらの生きものがいまはほとんど見られないのです。雑木林や草原に何があったのでしょう。

◀春、太陽の光がよく当たる芽ぶき前の雑木林の地面を明るくいろどるカタクリの花。

▲タチツボスミレの花で蜜を吸うギフチョウ。はねをひろげた長さ（開張）約5cm。
◀ギフチョウの幼虫の食草、カントウカンアオイ。

雑木林や草原のチョウや花

　関東地方の里山では、雑木林の木は落葉広葉樹のコナラやクヌギなどです。雑木林から消えたチョウの代表は、「春の女神」とよばれるギフチョウです。成虫は早春の短いひとときにあらわれ、林やその周辺にさくカタクリやタチツボスミレなどの花の蜜を吸います。オスとメスが出会って交尾、産卵、卵の

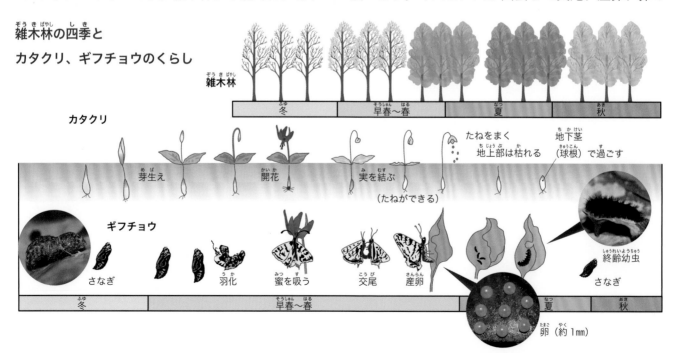

雑木林の四季とカタクリ、ギフチョウのくらし

雑木林

| 冬 | 早春〜春 | 夏 | 秋 |

カタクリ

芽生え　開花　実を結ぶ　（たねができる）　たねをまく　地上部は枯れる　地下茎（球根）で過ごす

ギフチョウ

さなぎ　羽化　蜜を吸う　交尾　産卵　終齢幼虫　さなぎ

| 冬 | 早春〜春 | 夏 | 秋 |

卵（約1mm）

▲サワヒヨドリの花にやってきたオオウ
ラギンヒョウモン。開張 6 ～ 7㎝。
▶オオウラギンヒョウモン
の食草のスミレ。

▲ワレモコウの花に産
卵するゴマシジミ（右）
と交尾中のオスとメス
（左）。開張 3.5 ～ 4 ㎝。
▶ゴマシジミの幼虫をく
わえて巣に運ぶクシケア
リ。

ふ化、幼虫の成長、そして
さなぎになると翌年の春ま
でねむりつづけます。幼虫
は林やその周辺に生えてい
るカンアオイの仲間しか食べません。

　草原から消えたチョウには、オオウラギンヒョウ
モンがいます。幼虫はスミレの仲間を食べて成長、
幼虫の姿で冬をこし、翌年の夏、さなぎになって羽
化します。成虫は夏の草原にさくアザミやフジバカ
マなどの花の蜜を吸います。

　このほか草原のチョウには変わった生き方をする
ゴマシジミがいます。幼虫はワレモコウの花を食べ
ますが、アリが見つけて巣に運んでいきます。巣の
中でゴマシジミの幼虫は体からあまい“しる”を出し
てアリにあたえるいっぽう、アリの幼虫やさなぎを
食べて育ちます。やがてさなぎになって羽化すると
きは、にげるようにアリの巣をあとにします。

役目が終わった林や草原

　いまから 60 ～ 70 年前の 1950 ～ 60 年代、日
本の多くの家庭では、燃料にまきや炭を用いていま
した。雑木林はまきや炭用に人が育てた林です。ま
た、そのころ作物を育てるときの肥料は、林の落ち

葉と家畜の糞でつくるたい肥でした。田畑を耕すと
きの動力は人と家畜の牛や馬でした。草原は家畜の
えさ用の草を刈る場所だったのです。そして、草は
田畑にすきこんで肥料にも利用していました。

　ところがその後、燃料は石油やガス、肥料は化学
肥料に、耕作は石油で動く農耕具に変わりました。
雑木林や草原は不要になったのです。放置された雑木
林の地面は“やぶ”におおわれ、やがてシイやカシな
どの常緑樹が生えてきました。このような林の中は
日がささず、カタクリやカンアオイは育ちません。

　草を刈らない草原には背の高い草がしげり、木も
生えてきました。これでは幼虫の食草や成虫が蜜を
吸う花も育つことができません。

▲日のよく当たる草原に生えるオキナグサ。オキナグサも各地で草原
が消えて見られなくなった絶滅危惧Ⅱ類の植物。

潮干狩りの海からハマグリが消えた!!

潮干狩りといえばハマグリ

潮干狩りに適しているのは干潟です。干潟は河口付近に多く、川が上流の森などから運んでくる栄養分（有機物）豊かな砂泥がたい積しています。潮が満ちたときを潟、潮が引いたときを干潟といいます。

干潟の生きものの種数はあまり多くありませんが、同じ種類の生きものがたくさんいるのが特徴です。とくにゴカイ、カニ、二枚貝などが多く、砂泥中の有機物を食べて海水を浄化してくれます。

春の大潮の日、干潟は潮干狩りの人でにぎわいます。なかでもハマグリは、5000年以上前の縄文時代からとられていた日本を代表する貝です。しかし、約40年前の1980年代からハマグリは急速に姿を消して、東京湾ではまず見られません。

▶いまは貴重なハマグリは絶滅危惧Ⅱ類。殻の幅8㎝。稚貝のときは河口付近の海底のきれいな砂粒に足糸でついている。成長すると足糸はなくなり、やや深い海底に移動、砂泥にもぐって生活する。

臨海地帯の開発と生きもの

東京湾は日本有数の広大な内湾です。大きな川が流れこみ、沿岸には砂浜や干潟がひろがっていました。ところが1960年代から東京近辺の海岸はコンクリートで護岸工事がされ、干潟もうめ立てられたのです※1。そのためハマグリはもちろん、ほかの魚介類や海藻（海草）の生息場所が減りました。うめ立て地には重化学工業の工場や石油基地、物資の流通をになう倉庫や港湾施設が建設されたのです。

▲水管の入水管から海水を吸いこんでえらで呼吸するとともに、海水中のプランクトンをこしとってえさにする。酸素とえさをとった後の水は出水管からはきだす。アサリは海水を浄化してくれる。

◀工場がせまった干潟で潮干狩り。昔のようにハマグリはとれないが、アサリはいまもとれる。円内はとれたアサリ（千葉県盤洲干潟）。

※1このほか温暖化で貝をおそうエイなど、新たな天敵があらわれたことを指摘する研究者もいる。

海からの危険信号

工業が発展して経済が成長すると、地方の農村から都市や工業地帯に人口の流入がありました。同時期、工場が出す煙や汚染水は、大気や水質の汚染などの公害をひきおこしました。そのため人間だけでなく多くの生きものも苦しんだのです。工場から出る有害物質は法律で規制され、少しずつ環境は改善されましたが、家庭からの生活排水は下水道が普及するまで、川を通じて海に流しつづけられました。

気温が上がる季節、生活排水中に多いチッソやリンのために、海中に植物プランクトンが大発生します。赤潮です。海からの赤信号です。これらのプランクトンが死んで海底にしずむと、死がいはバクテリアが分解します。このとき海中の酸素が使われ海水は酸欠状態になって魚介類が死にます。分解のとき発生する硫化物の影響で海は青く染まります。青潮です。しかし、青くてもこれも危険信号なのです。

▲海岸に打ち寄せる赤潮。植物プランクトンの細胞にふくまれる色素で赤く見える。

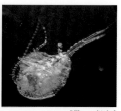
▲植物プランクトンのケイソウ（左）。海中の食物連鎖の基礎になる生きもの。植物プランクトンを食べる動物プランクトンのミジンコ（右）。動物プランクトンを小魚が食べ、その栄養はしだいに大きな魚へと移っていき、海の食物連鎖が成り立っている。

▲アサリの受精卵。直径約0.1mm。ハマグリもアサリも卵は体外の海水中で受精する。

◀ふ化して2〜3週間目のアサリの幼生。海中にただよい、大きさ0.2mmくらいになると海底に下りて、砂泥にくっついて生活をはじめる。

このように生活の場をうばい、海をよごしたことがハマグリの消えた大きな原因と考えられています。

アサリとハマグリ

潮干狩りでとれる貝にアサリがあります。アサリも減りましたが、いまもとれています。同じ海なのになぜでしょう。それは産卵の時期と関係があるようです。ハマグリは初夏から秋にかけて産卵し、ふ化した幼生は海中をただよいます。そのころ酸素不足の海水がおし寄せることが多く、卵や幼生は死んでしまいます。いっぽうアサリは春と秋、年2回産卵します。春に子孫をのこせなくても、秋にのこせれば生きのびることができるのです。

また、ハマグリはやや深い砂質の海底でくらしますが、アサリは浅い砂泥質の海底でくらします。東京湾の海底はうめ立て工事で地形が変わり、ハマグリの好む環境が消えたのかもしれません[※2]。

<もっと知りたい>
身近な海、里海

日本列島の海岸は磯、砂浜、干潟などが複雑に入り組み、この海岸地形の多様さが多くの海の生きものを育んできました。沿岸にくらす人びとは昔から海に関わることで海の生物多様性を高めてきました。たとえば定期的に海藻（海草）を刈りとることで、新たに海藻（海草）が育ってきます。そのおかげで海藻（海草）の森にくらす魚介類も育まれてきました。そして、魚介類をとり過ぎないように人びとは海を管理してきたのです。このような海を、陸の「里山」に対して「里海」とよんでいます。

◀里海でとれた海藻のテングサを干す。定期的に海の自然に働きかけることでめぐみが得られる（神奈川県三浦市・江奈湾）。

※2 川の上流にダムができ、土砂の供給が減って砂浜や干潟が小さくなったこともある。ダム建設の目的は洪水を防ぎ、下流に農業、工業、生活用水を送り、また工場やまちで使う電気を発電して送ること。

山でふえている動物がいる‼

もともと平地にいたシカ

日本では絶滅が心配な生きものがいるいっぽう、近ごろ山でふえている動物がいます。ニホンジカです。なかには人里にまでやってくるシカもいます。

草食動物のシカはもともと平地の森や草原でくらしていました。しかし、農業で人口がふえてくると、シカはしだいに山に追いやられていきました。

シカがふえた要因は？

シカはオスとメスがそれぞれ群れをつくって別行動をします。秋になるとオスどうしはメスをめぐり、角をぶつけてたたかい、勝ったオスがメスと交尾して子孫をのこします。産むのは1年に1頭で、メスは2歳になると子どもを産むことができます。

シカがふえたのはなぜでしょう。天敵のオオカミがいなくなった、狩猟人口が減った、冬のえさ

▲シカに食べられないように木の苗にまかれた網。シカは毒草以外ほとんど何でも食べる。ドングリなどの木の実や樹木の芽生えも食べるので、森が育たない（左、神奈川県・丹沢山地）。シカよけの電気さくで囲まれたニッコウキスゲの群生地。昔は全山一面、黄色い花で染まっていた（右、長野県・霧ヶ峰高原）。

不足で死んでいたシカが、温暖化で生きのびるようになった、などの要因があげられています。しかし、それだけでしょうか。

戦後の山林の変化

明治時代から第二次世界大戦の終わりごろまで、全国のシカは乱獲で激減していました。そこで戦後から1990年代前半まで、メスの狩猟を規制して保護したところ、頭数や分布域が回復してきました。

▼えさを求めて歩く秋のメスの親子ジカ。メス親の体長は90～150cm。メスには角がない。冬を前にたくさん食べて体に栄養をたくわえる（神奈川県・丹沢山地）。

<もっと知りたい>
里山ではイノシシがふえている

イノシシは山より里山周辺で多くくらしています。雑食性の動物ですが、どちらかというと植物質のものを多く食べています。きばを使って土をほりおこし、地中にうもれたイモやタケノコなどの植物の根茎、またミミズや昆虫の幼虫を食べるのです。繁殖力が強く、メスは一度に4～5ひきの子を産みます。

現在、里山では農業人口が減り、雑木林や草原は放置されて"やぶ"になっています。このような場所がイノシシのすみかです。イノシシはやぶに身をかくしながら人里の付近の田畑に出没して作物を食べ荒らしています。なかには"まち"まで出てきてごみ箱の残飯をあさるイノシシもいます。

▲メス親とイノシシの子ども。メス親の体長は100～150cm。子どもの体の模様はウリの模様に似ているので「ウリ坊」とよばれている。

では、シカがすんでいた戦後の山はどんな状態だったのでしょう。戦後は国の復興のために木材の需要がとてもふえました。各地の奥山※では、天然林をすべて切る皆伐がはじまり、スギやヒノキなどの経済的価値の高い木が植林されました。これを拡大造林といい、1960年代から90年代までつづきました。皆伐後の山は日がよくあたり草が生え、シカのえさがふえて子孫をたくさんのこせました。

山で生きるための適応

植林後の苗木の背が低い間は草も生えていましたが、木が成長すると森は暗くなり草もあまり生えなくなりました。このような環境におかれたシカは、えさを求めて山を移動していきました。

シカは草食動物ですが、えさの植物にも好みがあります。えさが豊富なときは好きな植物を食べていましたが、えさがなくなると以前は食べなかった植物でも、毒草以外は食べるようになりました。シカは環境の変化に合わせて命をつないできたのです。

里に高山に出没するシカ

拡大造林がはじまったころは、エネルギー革命がおこり化学肥料も行きわたり、里山の雑木林や草原の役目が終わった時代でした(15ページ参照)。放置された林や草原はやぶになり、山との境界もなくなり、耕作放棄された田畑もでてきました。

じつは拡大造林がはじまった1960年代半ば、貿易の自由化で海外から安い木材が輸入されるようになったのです。国産材の生産が成り立たなくなると、林業従事者は山から去り、山村も消えていきました。そのような人間社会を横目にシカはえさを求めて移動、いまは里山まで下りてきて、農地の作物を荒らすようになりました。里山も人口が減ると、警戒心の強いシカでもこわい場所でなくなったようです。

いっぽう、温暖化のせいか高山に登ってお花畑の植物を食べるシカもいます。お花畑という貴重な生態系がシカによって失われようとしているのです。

※奥山は人里から遠くはなれた奥地の山の意味で、丘陵地にひろがる里山に対してある程度の高さがある山地。本書で使う「山」は奥山の意味。

まちではカラスがふえている!!

2種類のカラス

ビルが林立する大都市東京は、自然がないまちの代表と思われがちです。しかし、そんな環境のもとでたくましく生きる野鳥がいます。カラスです。

まちやその周辺で見られるカラスは2種類います。ハシボソガラスとハシブトガラスです。ハシとはくちばしのこと。ハシボソガラスはくちばしが細く、おもに郊外の農地や河川敷などの開けた場所でくらしています。もういっぽうのハシブトガラスはくちばしが太く、東京のまちの中にすんでいます。

林立するビル街は一種の森

ハシブトガラスはもともと森林にくらすカラスです。このカラスには林立するビルや電柱、街路樹、公園の樹木は森林の景観のように見えるようです。森でえさをとるときは高い木の上から見下ろし、地面にえさを見つけると下りてきてさっとくわえ、木の上にもどって食べます。まちでも電柱や高い建物から見下ろし、地上にえさを見つけると下りてきてえさをとります。そして、急いで高い所にまいもど

▶郊外の開けた場所でくらすハシボソガラス。全長約50cm。

◀まちなかの街路樹にとまってあたりを見まわすハシブトガラス。全長約56cmでハシボソガラスよりやや大きい。

ハシボソガラス

ハシブトガラス

り、そこで食べます。背後に高いビルなどがあると森の雰囲気がするのか、カラスは落ち着くようです。

春の子育て、冬の大集団

春先、ハシブトガラスのオスはなわばりをつくってメスをむかえ入れ、なわばり内の高い木の上などに夫婦で巣をつくります。産卵、ヒナの誕生後も協力して子育てをします。子育てが終わり夏になると親鳥、若鳥は集まりはじめ、群れになっていきます。

▲巣の内側の卵を産む部分（産座）に使う材料を口にくわえて運ぶカラス。ふつうはワラや鳥の羽毛を用いるが、どうやら人工物のようだ。

▶人家の物干しからぬすんできた針金ハンガーでつくられたハシブトガラスの巣。自然下では巣の外側は木の枝を集めてつくる。

群れでいると、えさをさがすときや、外敵から身を
まもるときに都合がよいのです。

　秋から冬の間、ハシブトガラスは大きな群れにな
ります。日中は仲間でえさをさがします。まちには、
えさのとぼしくなる冬でも、人間の出すごみの中に
食べものがまじっています。そして、夜は人がこな
い大きな公園、たとえば明治神宮の森や白金台にあ
る附属自然教育園の森などをねぐらにします。

好景気とともにふえたカラス

　東京にハシブトガラスがふえたのはいつごろから
でしょう。1970年代までJRの山手線の内側で繁
殖はみとめられなかったようです。それが1980年
代からどんどんふえていきました。当時、まちの飲
食店街には食べのこしの生ごみがあふれていました。
カラスは早朝、ねぐらからやってきて収集前のごみ

▲公園の木でセミをとらえたハシブトガラス。カラスは雑食。生ごみ
をあさることもあるが、ネズミの死がいを食べたり、スズメやツバメ
の巣をおそい、ヒナをさらって食べたりすることもある。

をあさり、ごちそうにありついていたのです。その
ころの日本は好景気時代です。じつは、いまもそう
ですが、食料の大半は海外からの輸入品です。

　ところで、ふえすぎたカラスに対して市民から
「鳴き声がうるさい」「子育て中のカラスにおそられ
た」「ごみを散らかす」などの苦情が自治体の窓口に
殺到しました。カラスがふえた最大の原因は生ごみ
です。そこでごみの出し方を徹底したところ、カラ
スは最盛期の4分の1ほどに減りました。しかし、
カラスにしてみれば、子孫をのこすために都市で必
死に生きているのです。生きるために都市の環境に
適応しようと知恵を働かせてきたのです。

<もっと知りたい>
都市で生きるタヌキ

　タヌキは漢字で狸、けもの偏に里と書きます。も
ともと人里付近にくらす動物です。いまでも里山に
多くすんでいて人家近くにもきます。雑食性でカキ
のような果実から、ネズミ、小鳥、カエル、トカゲ、
ヘビ、ミミズなど、いろんなものを食べます。

　最近、タヌキが東京のまち中でもくらしていま
す。タヌキはおもに夜行性なので人目につかないだ
けです。人家のごみ箱をあさったり、昆虫やネズミ
の死がいなどを見つけて食べたりしています。ねぐ
らには道路の側溝や下水管を、移動には終電後の鉄

道線路などを利用しています。タヌキは都市の施設
を利用し、人間生活のおこぼれをちゃっかりもらっ
て、カラス同様したたかに生きているのです。

▶都市の真ん中にある
自然公園にくらすタヌ
キ。都市でもえさと身
をかくす場所、休息す
る場所があれば、タヌ
キはじゅうぶん生きて
いける（東京都港区・
国立科学博物館附属自
然教育園）。

ツキノワグマは絶滅危惧種？

落葉広葉樹の森が好きなクマ

　ツキノワグマもシカ同様に奥山にくらす動物です。最近、里にツキノワグマが出てきて、危険なのでしかたなく殺したというニュースをよく聞きます。ツキノワグマもふえているのでしょうか。

　ツキノワグマは雑食性の動物です。草木の新芽、木の実、昆虫、魚、ときにはシカやカモシカの子どもをおそって食べることもあります。雪が積もる冬はえさがなくなるので、秋になると木の実をたくさん食べて冬眠します。そのため木の実が豊富な広葉樹の森がすみかです。ところが戦後の拡大造林でツキノワグマもすみかをうばわれてしまいました。

クマが教える山のようす

　ツキノワグマが里まで下りてくるのはおもに夏と秋です。夏の山は意外と食べものがなく、クマはトウモロコシ畑やヤマメやイワナなどの魚の養殖場などにやってきて荒らします。

　問題は秋です。クマが冬眠前に大食するブナやミズナラの実は豊作と凶作の年があり、いずれも何年かおきにおこるので、凶作の年はたいへんです。クマは里のリンゴ園までやってくることがあります。

　最近は温暖化で冬の気温が高く、冬眠できないクマがえさを求めて里にくることもあります。

それでもクマは絶滅の危機に

　ひんぱんにあらわれるツキノワグマのニュースを聞くと、クマはふえているように思われがちです。たしかにふえている地域もありますが、日本全体ではそうではありません。生息地の分断が進み、クマどうしの交流ができない地域が生じています。その地域では同じ遺伝子をもつクマがふえ、悪い病気がはやったりしたときに、地域のクマの絶滅が心配です。

　現在、東北地方北部、近畿地方の紀伊半島、中国山地でも生息域の分断があります。九州ではすでに絶滅、四国でも四国山地の一部に生息するだけで絶滅寸前です。

▲夏、里に下りてきてクワの木で実をさがしているツキノワグマの子ども。生後3年くらい。

▲地面に落ちたブナの実。殻斗という殻の中に三角形の実が入っている。脂肪分に富み冬眠前のクマのたいせつな食料。

◀木の上にできたクマだな。ドングリなどの木の実をとるために木に登り、枝をたぐり寄せるのでできる。不作気味の年によく見られる。

第2章
日本の自然に見る生物多様性

▼コマクサ

▲白馬岳のお花畑。

▲ブナ林

▶荒波が打ち寄せる磯海岸。

　日本の身近な場所からごくふつうの生きものが消えています。しかし、日本はもともと自然が豊かな島国です。自然が豊かなのは生物多様性に富んでいる証拠です。では、生物多様性とは何でしょう。生物多様性の意味と、生物多様性のめぐみにはどんなものがあるのか調べてみましょう。

　いっぽうで、生物多様性をこわしているものもあります。それは海外の生物多様性とも関連しています。どういうことなのか、さぐってみましょう。

生物多様性に富む日本──位置や気候など

自然環境と生物多様性

　小さな島国にもかかわらず、日本は生物多様性に富んでいます。それは日本列島に多様な自然環境があるからです。生きものはことなる環境の下で、いろいろと適応しながら生きています。多様な自然環境があるのはなぜでしょう。

日本の位置と気候

　日本はユーラシア大陸の東はしの海上にあり、北緯約20度から約46度の中緯度地帯に位置します。南北は約3000kmもあり、南の南西諸島ではエメラルドグリーンのサンゴ礁の海がひろがり、北の北海道の海では冬になると流氷がやってきます。

　世界の気候図を見ると、中緯度地帯の大陸の多くは乾燥地帯や砂漠です。ところが日本の年間平均降水量（雨や雪）は約1690㎜、世界の年間平均降水量の約1.6倍もある、とても水にめぐまれた国です。

　日本の大部分は温帯モンスーン気候下にあります。モンスーンとは季節風のことです。夏は太平洋から南東の、冬は大陸から北西の季節風がふきます。また、梅雨や台風、秋の長雨、冬の日本海側の多雪

▲サンゴ礁をつくるアオサンゴ。直径1m以上。サンゴ礁は海の熱帯雨林といわれ、サンゴが骨格をつくるとき二酸化炭素を吸収し、サンゴ礁には多様な生きものが集まる（左、沖縄県石垣市）。サンゴ礁に囲まれたエメラルドグリーンの海（右、沖縄県恩納村）。

◀流氷の上で休むオオワシ。サケやタラなどを鋭いつめの足でとらえる。翼開長は2～2.5m。流氷の下にはプランクトンが発生し、それを食べる魚がやってくる。北海道の流氷は北半球では南限（北海道羅臼町）。

も日本の気候の特徴です。日本の大部分では四季がはっきり分かれ、おおむね夏は高温、冬は寒冷です。1年間の気温差はありますが、ならすと適度に暖かく降水量が多い温暖湿潤気候です。

水にめぐまれた森の国

　植物の生存は土地の気温と降水量できまります。日本は降水量にめぐまれているので、その土地の気

世界の気候帯

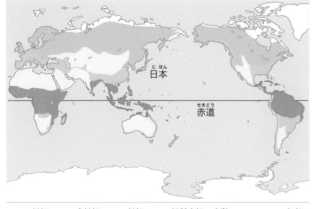

寒帯	亜寒帯	温帯	乾燥地帯（砂漠をふくむ）	熱帯

※ケッペンの気候区分図をもとに作図。

日本列島の植生の水平分布と近海の海流

リマン海流（寒流）

親潮（千島海流・寒流）

対馬海流（暖流）

黒潮（日本海流・暖流）

亜熱帯（ヒルギ、ガジュマルなどの常緑広葉樹）
低地帯（暖温帯：シイ、カシ、ヤブツバキなどの常緑広葉樹）
山地帯（冷温帯：ブナ、ミズナラなどの落葉広葉樹）
亜高山帯（亜寒帯：シラビソ、トドマツなどの常緑針葉樹）
高山帯（寒帯：ハイマツやコマクサなどの高山植物）

※図は只木良也（1981年）をもとに作図。

▲ブナ林にやってきた夏鳥のオオルリ（オス）。美しい声で鳴く。全長17cm。秋になると南方へわたり冬をこす。

▲水辺でつばさを休める冬鳥のコハクチョウ。全長120〜133cm。夏にシベリア地方で繁殖、子育てをしていた（滋賀県・琵琶湖）。

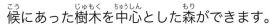

▲冷涼な気候を代表するブナの森。日本海側の多雪地帯に多く分布。拡大造林で広く伐採されたが、スギ・ヒノキが育たない場所では再びブナの森が育っている（岩手県西和賀町）。

候にあった樹木を中心とした森ができます。

　植物は、「食べる・食べられる」の生態系の中心にあり、各地の森では植物を中心にさまざまな動物がくらしています。また、日本列島は山が多く、標高差は気候のちがいにもなっています。そのため気候に応じた樹木を中心とした森の分布が見られます。

豊かな自然に集う生きもの

　日本の森の中でもブナやミズナラなどの落葉広葉樹の森は、春から夏にかけて活気にあふれます。草木が成長し動物の繁殖もさかんです。南からやってくる夏鳥も子育て中で、森がもっともにぎわう季節です。

　秋から冬にかけて、北で繁殖していた鳥が日本へ南下してきます。温暖な地域の湖沼や湿地で水草などのえさをとりながら冬を過ごすのです。

　また、日本列島のそばを暖流の黒潮（日本海流）と寒流の親潮（千島海流）が流れ、沿岸の土地の気候に影響をあたえています。海流に乗ってマグロやカツオ、サンマなどの回遊魚、クジラやウミガメなどもやってきます。

日本の植生の垂直分布

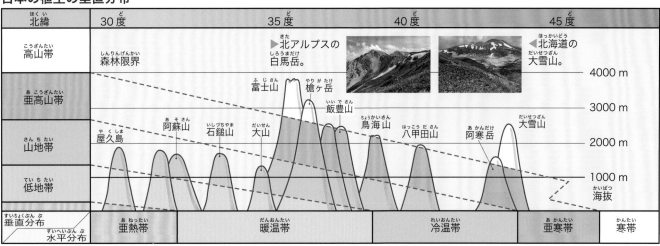

※ある土地に生える植物（植生）は、土地の気候で種類がきまる。緯度によるちがいを水平分布、標高によるちがいを垂直分布とよぶ。

生物多様性に富む日本—地形や地質など

▲白馬岳の高山植物ウルップソウ。氷期に大陸の北からやってきたが、暖かくなって北にもどれなかったものが、寒冷な高山にのがれて生きている。

◀北アルプスの白馬岳（2932 m）にある大雪渓。氷期にはこの谷は氷河にうもれていた。

多様な地形と多様な自然環境

日本の多様な自然環境は、日本列島の生い立ちや地形とも関係しています。生物多様性と地形が関係しているとはどういうことでしょう。

▲大雪山の高山チョウのウスバキチョウ。はねをひろげた長さ（開張）50〜60mm。

▲大雪山の山頂付近に育つ高山植物のコマクサ。ウスバキチョウの食草。

▲カラマツの芽生え。植物も仲間をふやすためにけんめいに生きている（富士山五合目・御庭）。

◀富士山五合目付近のカラマツ。はげしい風で上にのびることができず、枝を横にのばしている。

日本は地殻変動帯にあって火山活動もさかんです。地形は低地から丘陵、山地、高山まで変化に富みます。そして丘陵までふくめると国土の 75％は山地です。北アルプスや南アルプスには 3000 m前後の高山がそびえ、高山帯のきびしい環境下には高山植物や高山チョウなどがくらしています。高山帯は北に行くほど低くなります（25 ページ下の図参照）。

日本一高い山、富士山（3776 m）は独立した火山です。ふもとから山頂近くまで、標高のちがいに応じた多様な植物がすみ分けています。

気候と地質の合作

日本では地殻変動や火山活動で大地が隆起するいっぽう、温帯モンスーン気候下にあるので、雨や雪が大地をさかんに侵食します。侵食するとき、大地をつくっている岩石の性質、地質が影響します。それは地殻変動などで地底からもたらされた岩石の性質のちがいで

▲はげしくぶつかる波で侵食される磯海岸（神奈川県三浦市・城ヶ島）。

▶満潮時、海水につかる高さにある岩にしがみついてくらすマツバガイとクロフジツボ。マツバガイは移動できるが、フジツボは幼生が岩についたあと一生移動できない。

▲潮が満ちてきても波の静かな干潟。旅鳥のシギ・チドリ類が夏と秋、わたりの途中に立ち寄ってつばさを休め、ゴカイやカニ類を食べて栄養をつける（千葉県・盤洲干潟）。

▶干潟で泥の中の有機物を食べるヤマトオサガニ。旅鳥のごちそう。

す。地質のちがいは侵食のちがいを生じ、なだらかな地形になったり、けわしい地形になったりします。変化に富む地形は複雑な環境を生みだします。複雑な環境は多様な生きものが生きていくことを可能にするのです。

　とりわけ日本には急峻な地形が多く、標高差も大きく、山や谷で分断されている場所が多くあります。移動できない生きものは、その場所で固有の進化をとげることがあります。その結果、新たな種類が生まれ、生物多様性がましていきます。

複雑な海岸地形

　日本には海岸線の長さが100m以上の島が大小約6800もあります。総延長は約3万5000km。小さな島国にしてはとても長い海岸線をもつ国です。長い海岸線では、打ち寄せる波や潮の干満、潮流などで、地形がどんどん変化していきます。とくに波の影響は大きく、磯浜、断崖、砂浜、干潟など多様な地形があります。この変化に富んだ地形は、海岸やその近くの海にくらす生きものを多様にしています。

<もっと知りたい>
氷期・間氷期のくりかえしと固有種

　地球の歴史で大陸のような大きな氷河（氷床）のある時代を氷河時代といい、じつはいまも氷河時代です。氷床が中緯度地方までおおう寒冷な時期を氷期、氷期と氷期の間で氷河が小さくなる温暖な時期を間氷期といいます。いまは間氷期です。

　寒冷な氷期と温暖な間氷期のくりかえしで、日本列島は大陸とついたりはなれたりしてきました。氷期は海から蒸発した水分が雪になって陸に積もり氷河になるので、海面が低下します。反対に間氷期は氷河がとけて海水面が上昇します。そのため氷期に大陸からやってきた動植物は、間氷期には大陸にもどるか寒冷な高山に登って生きのびてきました。

　古い時代の氷期にやってきた生きものの中には、間氷期に大陸と分断されている間に、日本で独自に進化して固有種になったものがいます。日本には固有種が多いことから生物多様性が高いといえます。

◀高山にくらす国の特別天然記念物ライチョウ。全長37cm。日本の固有亜種※。近年数が減り絶滅危惧種に指定されている（長野県〜新潟県・小蓮華山）。

※種は生きものを分類するときの基本単位で、同じ種の間では子どもをつくることができる。亜種は同じ種だったものが、地理的にはなれた場所でくらすなど、代を重ねるうちにその土地の環境に合った体に変わっていったものをいう。しかし、亜種ともとの種との間、また亜種どうしの間では子どもをつくることができる。

生物多様性に富む日本──身近な自然、里山

放置すると変わる林や草原

牛馬を友に、人が手間ひまかけながら農作業をしていたころの里山の自然は、とても豊かでした。人が自然に手を加えているのになぜでしょう。

気候にめぐまれた日本では、土地の気候に応じた草木が生えて森へと変化していきます。裸の土地には草が生え、やがて木が生えてきます。はじめは日当たりを好む木（陽樹）が生え、そのうち光が少なくても平気な木（陰樹）に変わります。陰樹が成長して陽樹をおおうと陽樹は消え、森は陰樹だけになって安定します。関東地方で草原やコナラ、クヌギの雑木林を放置すると、最後はシイやカシの陰樹の森に変わります。これを植生遷移といいます。

▶丘陵の谷間につくられた田んぼと水路。東京都や神奈川県などでは、谷戸田とよばれている※。まわりの雑木林からわき出る水を利用している（東京都町田市）。

▲丘陵の尾根近くに耕されている畑。雨水で作物を育てている。

▲谷戸田のそばにある"ため池"。谷の奥からわき出す水を集めている。

手を加えると活性化する

里山の雑木林の下草や草原の草を刈ると、植生遷移が足踏み状態になります。このような土地には、多様な植物が競って生えてきます。その結果、林や草原には多様な草花が見られます。いろいろな草花があると、葉を食べる虫、花の蜜を吸う虫などさまざまな昆虫が集まり、昆虫を食べる野鳥もきます。自然は管理すると生物多様性が豊かになるのです。

多様な環境がモザイク状に

里山は雑木林と草原以外にも変化する環境がモザイク状にあります。たとえば田んぼや水路、ため池は水辺の環境ですが、田んぼは季節によって水がぬかれ、湿地から乾燥地へと変わります。

里山の地形も多様です。丘陵の尾根は乾燥気味

▲雑木林で落ち葉かき。

日本の里山の景観と環境

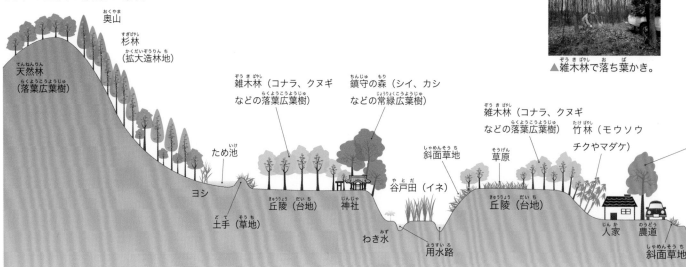

奥山
杉林（拡大造林地）
天然林（落葉広葉樹）
雑木林（コナラ、クヌギなどの落葉広葉樹）
鎮守の森（シイ、カシなどの常緑広葉樹）
雑木林（コナラ、クヌギなどの落葉広葉樹）
竹林（モウソウチクやマダケ）
ため池
ヨシ
斜面草地
草原
谷戸田（イネ）
丘陵（台地）
神社
丘陵（台地）
人家
農道
土手（草地）
わき水
用水路
斜面草地

※谷戸には丘陵の谷の入り口の意味がある。いっぽう、千葉県や茨城県などでは、台地が侵食されてできた谷間に開かれた田んぼを谷津田とよんでいる（第1章の扉の写真参照）。谷津田のある谷の多くは、いまから6000年以上前の縄文時代に海が進入、入り江だった。

▲夏鳥のサシバ。全長47〜51cm。近年、えさのカエルやヘビが減り、耕作放棄地が"やぶ"になって狩りもできなくなった。

▲夏鳥のホトトギス。全長約28cm。ウグイスなどの巣に産卵、子育てをさせる（托卵）。托卵はいつも成功するわけでなく、結果的に両者の鳥は絶滅せずに生きのびている。

▲子育て中のウグイス。全長14〜16cm。季節で国内を移動する留鳥。子育てにはササなどが生える"やぶ"を利用する。

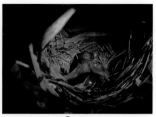

▲ウグイスの巣でかえったホトトギスのヒナは、先に産んであったウグイスの卵やヒナのすべてを巣の外へすててしまう。

で、谷間はわき水で一帯は湿地になりがちです。田んぼはこのような場所を利用しています。変化のある地形は環境が複雑で、生物多様性を豊かにします。

里山の自然は海外とつながる

里山に季節ごとにことなる生きものが加わることも自然を豊かにします。夏は南方から夏鳥のサシバやオオヨシキリ、ホトトギス、アオバズク、ツバメなどがきて子育てをします。冬は北方から冬鳥のカモ類がきて、ため池や田んぼでえさをとって過ごします。なかでもサシバは里山のシンボルです。タカ類のサシバは、田んぼやその周辺で昆虫やカエル、ヘビをとらえ「食べる・食べられる」の食物連鎖の頂点にいるか

▲ため池などですごす冬鳥でカモ類のホシハジロ（奥）やキンクロハジロのオス（中）とメス。

らです。

里山は海ともつながっています。田んぼに通じる水路は、川と合流して海へそそぎます。海からは、河口付近で生まれたアユやモクズガニ、なかには太平洋の深海で生まれたウナギが上ってきます。しかし、ニホンウナギは河口で稚魚が養殖用に大量にとられてきたので、いまは絶滅危惧種になっています。

<もっと知りたい>
里山の生きた化石カタクリ

カタクリは寒冷地に育ち、氷河時代の生きた化石ともいわれています。早春のひとときだけ姿を見せ、あとは翌年の春まで1年の大半を地下茎でねむっています（14ページ参照）。このカタクリが温暖な関東地方の里山の雑木林で見られるのはなぜでしょう。

カタクリが芽生えるころ、落葉樹の雑木林はまだ芽ぶき前で地面には日がよく当たります。カタクリは芽を出すと急いで花を開いて虫をよび、受粉して実をのこすと、やがて地上部はかれます。夏は雑木林の葉がしげり、強い日ざしをさえぎってくれます。

カタクリが生えているのは丘陵の北斜面です。その地面近くを冷たい地下水が流れ、地中でねむるカタクリには天然のクーラーになっています。こんな環境が里山にあるのも生物多様性を高めています。

▲斜面草地の草刈り。

▲畑で麦の栽培。

屋敷林（落葉広葉樹のケヤキや常緑広葉樹のシイ、カシなど）

休耕田（セイタカアワダチソウなどの外来植物）

畑（小麦畑や野菜畑）

田んぼ（イネ）

川原草原（草地）

ヨシ

丘陵（台地）

斜面草地

用水路

河川

▶武蔵野台地の北斜面の雑木林にさくカタクリの花。夏の暑さからカタクリをまもる地下水の温度は、ほぼその土地の年平均気温。

生物多様性とは何だろう？

生物多様性、3つの基本

　生物多様性が失われると自然環境は貧弱になります。では、生物多様性にとってたいせつなことは何でしょう。それには3つの基本があります。次にそれらについて調べてみましょう。

1. 種の多様性

　生物多様性には、さまざまな種がいることがたいせつです。生きものは「食べる・食べられる」の食物連鎖、利益を分かち合う共生、一方だけが利益を得る寄生などの関係で結ばれています。この関係は、種数が多く複雑なほど自然界のバランスがとれます。

▲花と共生するハチの仲間。花は虫に蜜や花粉をあたえるかわりにハチには受粉を手伝ってもらう。

◀花にくるチョウやハチ、アブをまちぶせする肉食のカマキリ。

▶菌類のタマゴタケ。本体は地下に張りめぐらされた菌糸。菌糸は落ち葉を分解するとともに、樹木の根とつながり、栄養のやりとりで共生している。

▶ヤドリギに寄生された樹木。実ができている。実を食べた鳥が別の木に止まって糞をすると、その中の種子が芽生え、根を樹木内にのばして養分をうばいながら成長する。雄株と雌株があり、円内は雄株の花。

田んぼの生きものの生態系ピラミッド
（食物連鎖による）

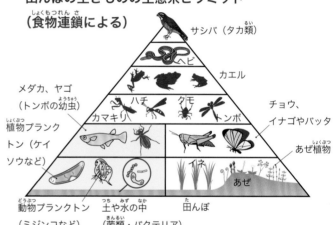

サシバ（タカ類）

ヘビ

カエル

メダカ、ヤゴ（トンボの幼虫）

ハチ　クモ　トンボ　カマキリ

チョウ、イナゴやバッタ

植物プランクトン（ケイソウなど）

イネ　あぜ植物

あぜ

動物プランクトン（ミジンコなど）

土や水の中（菌類・バクテリア）

田んぼ

＜もっと知りたい＞
種が生まれる理論を考えたダーウィン

　チャールズ・ダーウィン（1809～1882年）は、『種の起源』（1859年）という本の中で生きものの進化について述べています。当時、生きものは神がつくり不変だと信じられていました。これに対してダーウィンは、生きものは不変でなく長期間かけて変化してきたと考えたのです。生きものの進化をうながすのは自然環境です。自然環境の下で生きものは適応しながら体や性質が変化してきたと考えました。これを自然選択説といいます。ダーウィンは、生きものはひとつかあるいは少数の祖先から誕生し、それらがいくつにも分かれてきたと考えたのです。

　ダーウィンの一連の研究は、生きもののくらしの科学である現在の生態学の出発点にもなっています。

▲イギリスのロンドン郊外にあるダーウィンの家、ダウン・ハウス。ここで生きものの観察や実験などをおこないながら、『種の起源』を執筆した。

▲ダウン・ハウスの温室。ダーウィンは、虫をとらえて栄養を吸収する食虫植物の研究をしていた。

▲冬ごしに集まったナミテントウ。斑紋はちがうが同じナミテントウ。同じ種でも斑紋をつかさどる遺伝子の多様性による。

▲貝殻の模様がすべてちがうアサリ。これも遺伝子の多様性の例。敵に見つかりにくい模様になったと考えられる。敵につかまらず生きのびたものが子孫をのこす「自然選択」の例。

たとえば田んぼの水の中に発生した藻類をミジンコが食べ、ミジンコをメダカが食べ、メダカをヤゴが食べます。ヤゴが羽化したトンボをカエルが食べ、カエルをヘビが食べ、カエルやヘビをサシバが食べます。サシバが死ぬとその体はハエの幼虫が食べ、さらにバクテリアが分解して土にもどします。いろいろな生きものがいることで命はめぐり、生物多様性は保たれるのです。

では、種はどのようにふえるのでしょう。同じ種の仲間が同じ場所にいると、えさをめぐる争いになるので別の場所に分散します。分散先の環境がちがうと、その環境に適応していくうちに体や性質が変わります。その結果、新たな種が誕生するのです。

2. 遺伝子の多様性

同じ種の生きものは姿形、性質は共通ですが、

個体は少しずつちがいます。それはもっている遺伝子のちがいです。遺伝子とは生きていくための設計図のようなものです。遺伝子は同じ種でも少しずつちがいます。みんな同じでそれが病気に弱い遺伝子だとすると、病気がはやると絶滅の危険があります。

同じことは集団の孤立でもおこります。たとえばメダカは田んぼや水路を通じて移動できる間は、多様な遺伝子どうしが交流できます。しかし、水路の分断でせまい地域に孤立すると、近親間で子孫をのこすことになります。遺伝子の多様性が失われるとほろぶ可能性が高くなるのです。

3. 生態系の多様性

生態系とは、ある土地の気候や地質、地形などの自然環境下で、生きものが「食べる・食べられる」などの関係にある、一定のまとまりのことです。自然環境には山、川、海などがあり、それぞれの環境下で進化してきた生きものがくらしています。多様な生態系があるほど、生物多様性は高まります。

となり合う生態系は分断しているわけでなく、つながっています。たとえば、田んぼとあぜの間、ため池と岸辺の間などは、水の生態系と陸の生態系が接しています。このような場所を水生昆虫やカエルが利用します。しかし、水辺をコンクリートで固めたりすると、生きものは利用できなくなります。

水路の分断による生息域の縮小

各田んぼが水路でつながり、行き来ができたとき。

水路が分断され、行き来ができなくなったとき。

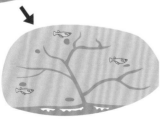

▶ヨシに止まってなわばり宣言をする夏鳥のオオヨシキリ（オス）。ヨシは水辺から陸地へ移り変わる土地に生える。初夏はオオヨシキリの子育ての場所に、夏はツバメの集団ねぐらになる。

生物多様性からのめぐみ
──基盤サービスと調整サービス

生態系サービスとは

　多様な生態系は生きものだけでなく、人間にも多くのめぐみをあたえてくれます。この生物多様性からなる生態系のめぐみが「生態系サービス」です。

　生態系サービスには大きく次の4つがあります。生態系そのものをささえる「基盤サービス」、生態系の環境を維持する「調整サービス」、生態系からいろいろな物質を提供する「供給サービス」、そして「文化的サービス」です。どんな内容か、まず、「基盤サービス」と「調整サービス」を見ていきましょう。

生きる場の提供と栄養の循環

　基盤サービスのひとつは、生きものが生きる基本である生活場所を提供することです。里山に田んぼや用水路、ため池、湿地などの水辺があることで、メダカやカエル、トンボなどがくらせます。雑木林、草原、畑があることでカブトムシ、クワガタ、チョウやハチなどの昆虫、ツバメやアオバズクなどの野鳥、タヌキやイノシシなどの動物がくらせます。

　生きものが生きるためには、酸素や水、栄養が必要です。生態系の中では、植物が光合成で栄養をつくるととも

◀リンゴの花で受粉を手伝うミツバチ。

▲このリンゴ園では養蜂業者からハチを借りて受粉をおこなっている。巣箱からミツバチが出入りしている（左）。人の手による人工受粉。とても手間ひまがかかる（右）。

▲ハチのおかげでたわわに実ったリンゴの実。

▲田んぼでアキアカネを追うツバメ。全長17cm。田んぼはツバメの生活のための基盤サービスの場。昼行性のツバメは日中、田んぼを利用している。

◀鎮守の森などで子育てするアオバズク。全長29cm。夜行性で田んぼのカエルや街灯に集まる昆虫などをとり、ツバメと時間的にすみ分けている。

に酸素を出します。栄養は「食べる・食べられる」の食物連鎖を通じて生態系の中をめぐっていきます。栄養をつくるチッソ、リン、炭素などの無機物は、最後は菌やバクテリアなどの分解者によって土にもどされます。生態系の栄養物質を循環させる働きは、たいせつな基盤サービスのひとつです。

命をつなぐしくみ

　植物は命をのこすために種子をつくります。草木や作物の花には昆虫がきて受粉をおこない、種子ができます。種子で命をひろげるには、落下させる、風で飛ばすなど物理的な方法と、鳥やけものに運んでもらう方法などがあります。このようなしくみも生態系の基盤サービスのひとつです。

▶あとで食べるためにドングリを地面にかくすカケス。食べわすれたドングリが芽生えて育つことがあり、カケスはドングリの種子散布を手伝っている。

＜もっと知りたい＞
雑木林も緑のダム

里山の雑木林の多くは丘陵地にあります。はげしい雨が降っても樹木の葉が「かさ」になるので、雨が直接地面を打つことがなく、土地の侵食を防いでいます。斜面では木の根がしっかりと土をつかんでいるので、土砂くずれを防ぎます。

奥山のブナの森は、地下に水をたくさん貯える「緑のダム」で知られていますが、里山の雑木林もりっぱな緑のダムです。地下に貯えられた水は、田んぼや農家の井戸水の源になっています。また、田植えの時期の田んぼは小さなダムです。里山の田んぼをふくめた全国の水田の貯水量は52億トン。黒部第四ダムの約35個分に当たります。

▶里山の谷からは、まわりの林の地下水がいつもわきだし、小さな流れをつくっている。

里山の水の循環

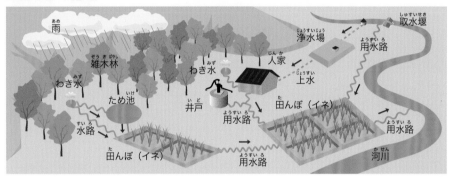

雨
雑木林
わき水
わき水
ため池
井戸
人家
浄水場
上水
用水路
取水堰
用水路
田んぼ（イネ）
水路
用水路
田んぼ（イネ）
用水路
河川

▲雪が積もった里山の雑木林。この雪はかつて林に降った雨がまわりめぐって雪になってもどってきた姿かもしれない。

水の循環

雑木林が地中から吸い上げた水分は葉から蒸発し、大気中にひろがっていきます。その水分はやがて雨や雪になって、再び地上に降りそそぎます。また、樹木が発散する物質はウイルスなどの病気を防ぎます。この物質は新緑のころさかんに出され、林を歩くとき、心がいやされるのはこの物質のためだと考えられています。水の循環や病虫害を防ぐ物質の発散も、生態系の基盤サービスのひとつです。

環境を調整してまもる

次に「調整サービス」とはどんなサービスでしょう。里山の植物は光合成の過程で酸素を出すいっぽう、大気中の二酸化炭素を吸収します。気候の温暖化と関係が深い二酸化炭素を吸収して、形を変えて体の一部に保存します。このしくみによって里山の環境を調整しているのです。

また、林の樹木が葉から水分を蒸発させるとき、まわりから熱をうばうので、土地の気候を調整します。夏、暑い都市から郊外の里山にくると、暑さが和らいで感じるのはそのためです。林にかぎらず農家をとりこむ木立は、夏は強い日差しをさえぎり、冬は寒い季節風を防いで環境を調整してくれます。

調整サービスは基盤サービスと重なる部分もありますが、たいせつな環境にかかわるサービスです。

▲農家を囲む屋敷林。大地の土を保護し気候を調整する。南側には落葉樹のケヤキ、北側には常緑樹のシイやカシの木が植えられることが多い。

生物多様性からのめぐみ
——供給サービス

供給サービスとは

それぞれの生態系には、私たち人間もふくめた生きものが生活するための資源がたくさんあります。人間の場合、ほかの生きものを資源に利用していますが、ほかの動物とちがい、資源を加工して利用する知恵をもっています。生態系の資源を利用できるようにしているのが「供給サービス」です。

人間の関心は、環境もふくめて生態系の資源を何に使えるかということです。資源の多くは私たちの生活の衣食住に役立っています。人間は供給される資源の性質をよく読みながら利用方法を工夫してきました。工夫する過程で知恵や知識を得て、その積み重ねは新たな資源の開発につながってきました。

里山の農業と供給サービス

現代の科学技術は天然にない物質もつくりだせま

▲ "かや（ススキ）"で屋根がふかれた農家。10数年おきにふきかえられ、古いかやは田畑の肥料になって土にもどる（岩手県遠野市の曲り屋）。

▶ススキ草原のかや場。ススキは屋根ふき用の"かや"になる。

す。しかし、ほとんどの物質はもとをただせば自然界の物質を加工したものです。日常生活用品には、加工されて原材料が何かわからないものもありますが、多くは地球上の生きものがつくったものです。

供給サービスの原材料や、利用方法がよくわかるのが、昔の里山の人びとの衣食住です。里山の農業がつくりだす生態系が供給するものを、たくみに利用していました。当時の農業は生きものの力を借りた有機的な方法でした。物質や生きものの命の循環がうまくいっていました。しかし、里山の林や草原の利用は、1950〜60年代のエネルギー革命や化学肥料の登場で終わりました（15ページ参照）。

里山のくらしの知恵に学ぶ

昔の里山の農業では、米や麦などの穀物、野菜、

里山の田畑や雑木林、草原、草地からの供給サービスと物質の循環

ヤママユガ

雑木林（コナラやクヌギなどはヤママユガの食草）

まゆ（生糸をとり、糸を織って布に、布を衣類に）

ススキ（かや）

下草刈り（草は家畜の飼料やしきわら、田畑の肥料に）

草原・草地

サツマイモの苗床

蚕（カイコガ）

家畜舎（馬や牛は農耕の動力に）

まゆ（生糸をとり、糸を織って布に、布を衣類に）

桑畑（クワはカイコガの食草）

畑（小麦や野菜）

カラムシ畑（茎の繊維をよって糸にして、糸を織って布に、布を衣類に）

供給サービスのほとんどが、衣食住と直結する生活資材に関するものです。

残念なことに、現在の里山では、農業による物質や命の循環は昔とちがっています。私たちは昔の里山の時代にそのままもどることはできません。しかし、里山の歴史から、当時の人びとの自然との向き合い方や資源の使い方など、いろいろな知恵を学べます。未来に生かせることがたくさんあるはずです。

▲炭焼き。雑木林の木を利用。炭に加工すると"まき"よりも高いエネルギーが得られる。

◀"まき"や炭焼き用に切られた雑木林の木。

▲薬草になるゲンノショウコ。よく効く証拠の意味で、漢字で「現の証拠」と書く。田んぼのあぜや農道わきに生え、下痢のとき根を粉にして飲む。

▲染め物に使うムラサキ。根を紫色の染料に用いる。武蔵野のムラサキを用いた「江戸むらさき」は有名。解熱や皮ふ病にも用いられる。草原に生えるが、いまでは絶滅危惧種。

果実、まき、炭、蚕のまゆなどは、商品として出荷する以外はほとんど自家用でした。里山から受ける

かや（かやぶき屋根の材料）

雑木林（コナラやクヌギなどの落葉広葉樹）

雑木林　15〜20年ごとに伐採。

まきや炭（燃料）の材料に。

切り株からひこばえが出てきて成長する。

竹林

マダケやモウソウチクは、ざるやかごの材料に。

モウソウチクのタケノコは食用。

炭焼きがま

落ち葉かき

たい肥（落ち葉と家畜の糞尿をまぜる）

肥料

まき

かまど（まき）

いろり（まき）

炭

クヌギやコナラはシイタケ栽培用のほだ木に。

マダケは土壁の下地に組んで使用。

風呂（まき）

火鉢（炭）

灰（肥料や染色の媒染剤など）

イナゴ（たんぱく源）

田んぼ（米）

イネのわら（縄、ぞうりなどのはきものに）

食卓

こえだめ（人糞や尿）畑の肥料に。

田んぼやため池の魚介類（たんぱく源）

屋敷林（ケヤキなどは家の建てかえに用いる）

生物多様性からのめぐみ
――文化的サービス

▶マムシの模様がついたいまから約5000年前の縄文土器。マムシはおそろしい毒ヘビだが、貯蔵した木の実をぬすむネズミをとらえてくれる（東京都三鷹市第五中学遺跡出土）。

文化的サービスとは

　人間は自然から供給サービスを受け、さまざまな資材を用いて生活を豊かにしてきました。さらに道具を発明して新たな製品も生みだしてきました。

　また、人間はほかの動物とちがい、美しい自然を、言葉や絵画、音楽などで表すことができます。そのことで生活が豊かになります。自然生態系が人間の心に刺激をあたえ、有形無形の世界へいざなうこのような働きを「文化的サービス」といいます。

自然の中に神を見る

　自然が人間の心に働きかけて生まれてくるものに

◀木がうっそうとしげった鎮守の森。神が宿ると信じられ、人が手をつけずにきたので、土地本来の植物が生育していることが多く貴重な森（大阪府吹田市・吉志部神社）。

信仰があります。原始・古代人は、自然界は不思議に満ち、石や岩、草木、虫、鳥、けものは神の化身と考えて、おそれ敬いました。この信仰に対して、ただひとつの神を信仰する宗教も生まれました。

　歴史をさかのぼると、いずれの神も崇拝する人びとがおかれていた自然環境の影響が見てとれます。ある民族は岩や山、動物に、またある民族は太陽や月に神を見いだし、それらを造形化してまつっていました。これらも文化的サービスといえます。

生業と祭り

　生活のための仕事を生業といいます。農業、林業、水産業などは自然と密接な生業です。自然とかかわる生業には昔から祭りがつきものです。人びとは自然からのめぐみは神からの贈り物と考えていたのです。祭りは神への祈りや感謝を表す行事です。これも文化的サービスによるものといえます。

▲早春の行事「田遊び」。牛を使った代かきのしぐさ。一連のイネづくりをうたいながら演じて神に奉納、五穀豊穣と子孫繁栄も祈願する（東京都板橋区・徳丸北野神社）。

▲海の夏祭り。船に水の神をまつった神輿を乗せて港内をめぐり、豊漁や無病息災を祈願する（左）。ご神体の入った神輿ごと海に入って洗い清める（右）（神奈川県真鶴町・貴船神社）。

▲山奥の滝の前で祈りとめい想。ひんやりした空気が心をさわやかにしてくれる（埼玉県皆野町・秩父華厳の滝）。

▲バードウォッチング。知的好奇心を高めて自然への理解を深め、レクリエーションになる。円内はアオサギ（千葉県市川市・行徳野鳥観察舎）。

祭りは生業の種類や地域でちがい、各地で独特の祭りが伝統行事として伝えられてきました。しかし、現在、日本各地で自然にかかわる生業がすたれ、生産者の高齢化や後継者不足で、祭りをつづけるのが困難になっています。生物多様性のおとろえは、文化の絶滅にもつながるのです。

芸術や科学に貢献

自然から受けるひらめきを、人間は詩歌・文学・絵画・音楽に結晶させてきました。環境がちがうと受けるひらめきもちがいます。多様な環境からは多様な作品が生まれます。童謡や唱歌の「めだかの学校」「かえるの合唱」「赤とんぼ」「故郷」などは、

身近な生きものが生活のそばでくらしていてこそ生まれてきます。生物多様性が失われると、歌の意味もわからなくなり、文化は絶滅します。

このほかの文化的サービスとして、自然はレクリエーションや観光の場をあたえてくれます。自然の中で神秘的体験もできます。

また、自然現象から科学や教育に関する知識が得られます。自然現象にいろいろと興味をもつことで、科学の原理を探求でき、それを技術に発展させ、便利な世の中をつくるのに生かすことができます。

▲秋の収穫祭で演じられる天狐の舞い。天狐は白ギツネのこと。キツネは作物を荒らすネズミをとってくれるので、神のひとつとしてあがめられてきた（東京都東久留米市・柳窪天神社）。

▶初冬、山の神への感謝をささげる。林業や狩猟など山仕事にたずさわる人たちが１年の無事を感謝する（埼玉県秩父市中津川）。

生物多様性をこわすもの
——乱獲、分断、放置

乱獲される海の生きもの

日本はかつて漁業大国でしたが、いまは漁獲量も消費量も減っています。いっぽうマグロなどの消費量はふえていますが、ほとんどが輸入です。なかにはクロマグロのように、とり過ぎて絶滅危惧種になっている魚もいます。大量の漁獲は価格を安くしますが、乱獲をまねいて生物多様性の危機を高めます。

近年、秋の日本近海に回遊してくるサンマの漁獲量が激減しています。地球の温暖化（40ページ参照）による海流のコースの変化も関係ありますが、グローバル時代※、日本以外の国も競ってとるようになったことも不漁の原因のひとつです。

ふやす漁業はいま……

日本の漁業はふやす努力もしてきました。たとえば、生まれた川に帰ってくるサケを河口でとらえ、人工授精して稚魚まで育てて放流しています。しかし、近年、帰ってくるサケは小さく数も減っています。サケが育つ海に対して放流数が多いのか、海の生態系に何かがおこっているのかよくわかりません。

▲サケの水揚げ。生まれた川にもどってくるサケを沖合で網を使って漁獲している（北海道えりも町）。

陸では生息地の破壊

海外では、熱帯雨林が樹木の伐採や農地開発で破壊されています。農地開発は人口増加にともなう食料生産のためです。熱帯雨林では、まだ調査されていない生きものが開発で消えています。また、森には自然と共生して自給自足生活をする先住民もいますが、自然をうばわれて生活に困っています。

いっぽう戦後の日本では、生物多様性に富む森林が拡大造林でスギやヒノキ林に変わりました。しかし、熱帯雨林などで伐採された安い木材が輸入されて国産材は価値を失い、放置される林がふえました。このような林は生物多様性がおとります。さらにスギ、ヒノキは春先の花粉症の原因にもなっています。

移動が分断される

河川の堰やダム、護岸工事は人間には必要ですが、生きものの生活場所をうばっています。生きもののつながりを断つ例に移動ルートの分断、中継点の環境破壊があります。長距離移動するシギのような旅鳥には、つばさを休め、えさをとれる干潟などが必要です。干潟のうめ立てはその環境をうばいます。

川をさかのぼるアユやサケなどの魚には、ダムや堰が移動のさまたげになっています。同時に森の栄養分に富む土砂が下流に運ばれるのを止めています。

放置するとおとろえる自然

里山の雑木林は放置すると、常緑のシイやカシの林に変わってうす暗くなり、かぎられた生きものし

※グローバルとは、世界的、地球規模の意味。

▲川の堰堤をひっしで上ろうとする小アユ。魚道がない堰堤では魚は苦労を強いられる（京都府南丹市・由良川）。

◀長良川の河口堰。治水と利水などを目的につくられた。堰ができる前はアユやサツキマスが海からたくさん上っていたが、堰の完成後、魚道は設けられたが、数が減った。

かくらせません（15ページ参照）。生物多様性は低くなります。スギやヒノキの植林地を放置すると荒れていきます。このような林には、やはりかぎられた生きものしかすめず、生物多様性は低くなります。

　里山の竹林のモウソウチクは中国原産です。江戸時代に広まり、食材のタケノコを育て、"ざる"や"かご"などをつくるために管理してきました。しかし、現在タケノコの8〜9割は中国からの輸入品です。"ざる"や"かご"はプラスチック製に代わりました。役目を終えた竹林が各地で放置されています。

▲手入れされず荒れた竹林。地下茎がまわりの土地をくずすことがある（神奈川県相模原市）。

<もっと知りたい>

海の環境をこわすプラスチック

　最近、海の汚染物質で問題になっているのがプラスチックごみです。多くは川を通じて海に流れでたごみですが、沿岸だけでなく、はるか遠く太平洋の真ん中にまで流れていくごみもあります。そのごみを魚やウミガメ、クジラなどが、えさとまちがって食べています。消化不良をおこすだけでなく、なかには死んでしまうものもいます。

　プラスチックは太陽の紫外線に当たって波でもまれると、細かくくだけてマイクロプラスチックとよばれる小さな破片や粒になります。しかし、プラスチックは小さくなっても自然界では分解されません。この粒を小さな魚が食べ、それを中型の魚、大型の魚へと食物連鎖を通じ、私たち人間が食べることになります。プラスチックはそれ自体有害でなくても、有害物質が付着しやすいので安心できません。

▼海辺に打ち上げられたプラスチックのごみ。

生物多様性をこわすもの
——気候温暖化、外来種

▶高山の山頂付近でさく高山植物のお花畑。温暖化したらここより高いにげる場所はない（長野県・白馬岳）。

気候の急激な温暖化

　人間活動による急激な気候変動、とくに地球温暖化が問題です。温暖化のおもな原因は人間が産業活動で出す二酸化炭素にあると考えられています。二酸化炭素は開発にともなう大規模な森林火災からも放出されています。二酸化炭素以外ではメタンやフロンなども温室効果ガスです。温暖化は連鎖的にさらに温暖化を進めています。極地の永久凍土帯では凍土がとけてメタンが発生しているので悪循環です。

　温暖化が進んでも、動物は適切な場所に比較的短期間で移動できます。しかし、植物は種子散布を通じて移動するので、短期間の移動は困難です。とくに花と昆虫は受粉をめぐる共生関係にあり、急激な気候変動は共生関係をこわします。結果的に生物多様性がおとってきて、種の絶滅をまねきます。

　また、温暖化で海水温が上がると海流のコースが変わり、サンマのような回遊魚の場合、大不漁になることがあります（38ページ参照）。山では暖かい所で育つ植物が標高の高い場所に移動します。しかし、高所で育つ高山植物には行き場がありません。

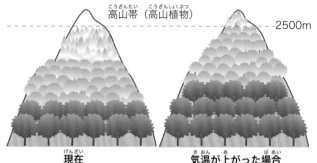

温暖化と植物の垂直分布の移動

高山帯（高山植物）　　　　　　　　2500m

現在　　　　　　　気温が上がった場合

外来種の移入問題

　いまはグローバル時代です。海外との間で人や物の行き来がさかんです。そんな中、もともと日本にいなかった生きものが海外から入ってきてすみつく

▲北米原産のオオクチバス（ブラックバス）は肉食でどん欲な魚。大きく育ったオオクチバスは水鳥のカイツブリのヒナをおそうことすらある。

▶同じく北米原産のブルーギル。やはり肉食で在来種を食べつくす。

▲動物園からにげだして野生化したと考えられているタイワンリス。中国からマレー半島に分布。頭胴長20〜22㎝。電線などをかじる被害がでている（神奈川県横須賀市）。

◀外来種のミシシッピアカミミガメ。北米原産。子どものときは小さくてかわいいが、大きくなりすぎて無断放流されることが多い（東京都文京区）。

ことがあります。外来種です。外来種とは、本来の生息場所でない地域にもちこまれたり、入ってきたりする動植物です。外来種には人が意図的にもちこんだものもありますが、貿易品にまぎれこんで入ってくるものもあります。これに対して昔から日本にすんでいる生きものが在来種です。

外来種は入ってきた先で、すみかや食べものをめぐって在来種と競争します。里山のため池に放されたオオクチバス（ブラックバス）やブルーギルなどが、在来の魚やヤゴを食べ、池本来の生態系をこわしています。在来種は、外来種に対する適応力を身につけていないので負けがちです。そのため絶滅する危険がとても高いのです。また、在来種との間で雑種ができると在来種が減り、やがて絶滅する危険

▶秋に花粉を飛ばし、花粉症の人を困らせる北米原産のオオブタクサの花。風の力を借りて受粉する風媒花。

があります。

このほか外来種には、アライグマやカミツキガメのように人間をかんだり、ヒアリのように毒針でさしたりするものもいます。ハクビシンは果樹園を荒らしたり、人家の屋根裏にすみついたりします。ネッタイシマカはデング熱のウイルスを感染させる迷惑な昆虫です。

めいわくな外来種のいろいろ

アライグマ

ハクビシン

カミツキガメ

ヒアリ

ネッタイシマカ

<もっと知りたい>
メダカを別の地域で放流しないこと！

メダカは小さな魚なので、急流にさからって川を移動できません。そのため長い歴史上、すんでいる地域の環境に適応したメダカが育ってきました。外見は似ていても、ある地域のメダカはその地域で自然選択された遺伝子のもち主です。

在来種であっても、はなれた地域のメダカを移動させて放流してはいけません。たとえば北にすむメダカは寒さに強く暑さに弱い性質の遺伝子をもっているとします。反対に南にすむメダカは暑さに強く寒さに弱い性質の遺伝子をもっているとします。この2種を移動させて交雑させたらどうなるでしょう。寒さに弱い南のメダカが北に運ばれて北の

メダカと交雑し、寒さに弱いメダカが多く誕生したら、北のメダカは死んで数を減らし、絶滅する危険があります。反対に北のメダカが南に運ばれて交雑しても同じようなことがおこる可能性があります。

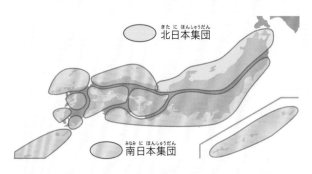

北日本集団

南日本集団

▲メダカは大きく北日本集団と南日本集団に分かれ、さらに南日本集団はいくつもの地域型に分かれている。

国際間で進む生物多様性の劣化

産業の変化と生物多様性

　戦後の日本の経済政策は工業に重点がおかれてきました。そのため農業人口はしだいに減りましたが、主食の米の生産だけはまもられてきました。米を効率的に多く収穫できるように、農地の構造を変えてきました。しかし、その結果身近な生きものが姿を消していまい、生物多様性が失われました。

　漁業がさかんだった東京湾、伊勢湾、瀬戸内海などでは、臨海工業や石油コンビナートなどの進出やうめ立てで里海の生物多様性が失われました。山では拡大造林で生物多様性が失われました。経済的な理由で放置された植林地もふえました。

　これらの日本の生物多様性の劣化は、じつは海外の生物多様性の劣化とも深くかかわっています。

日常生活をささえる輸入品

　戦後の日本は海外から資源を輸入して工場で製品にして、海外の国に売った利益で国をささえてきました。生活物資の多くは輸入しているのです。

食卓の料理の食材はほとんど輸入品

●天ぷらそば

食料自給率24%
おもな材料輸入先
ソバは中国、アメリカなど。
エビはタイ、ベトナム、インドネシアなど。
インドネシアでは海岸のマングローブ林を大規模に切り開いて養殖場にしている。
菜種（油）はカナダなど。

小麦（ころも）
はアメリカ、
カナダなど。

アメリカの小麦産地では、化学肥料や農薬で土が汚染され、傾斜地では土が流されている。

　では、資源輸出国の生物多様性はどうなっているのでしょう。日本に輸出するいっぽうで、自然環境を酷使していないか、注意しなくてはなりません。

パーム油は環境にやさしいのか？

　近年、いろいろな製品に使われているのがパーム

▲パーム油をとるためのアブラヤシ畑と収穫したアブラヤシの果実。円内は果実の断面。白いところがパーム油をとる脂肪部分（インドネシア・スマトラ島）。

　食卓の料理の大半は、原料が輸入品です。米以外は自給率が4割を切っています。その米も需要が年ねん減っています。和食ですら食材の大半は輸入です。みそ汁に入れるアサリは潮干狩りでとれますが（17ページ）、店頭で売られているアサリの90%以上は輸入品です。

●洋食の自給率

牛乳・乳製品27%
果実（キウイなど）40%
パン（小麦）15%
野菜80%
肉類9%
鶏卵13%

●和食の自給率

海苔（海藻）70%
野菜80%
納豆（大豆）7%
魚59%
米（主食用）100%
みそ汁・豆腐（大豆）7%

肉類の牛・ブタ・ニワトリは国産であっても飼料のトウモロコシなどは大半が輸入品。

※資料は農林水産省（2015年）による。

油。アブラヤシの果実からとれる植物油です。インスタントラーメン、菓子類、化粧品、石けんなどの原料として、また、バイオディーゼルエンジンや火力発電用として利用され、現在世界でもっとも多く消費されている植物油脂です。

　植物なので栽培時に二酸化炭素を吸収し、廃棄後も分解するので環境にやさしいとされています。しかし、アブラヤシの栽培は、熱帯林を伐採して大規模な畑をつくります。開発にともない、そこにくらす野生生物をほろぼしています。畑になる熱帯林は泥炭でできた湿地にあり、伐採して土地を乾燥させた後、火入れすることがあります。その火が泥炭に燃え移っていつまでも消えず、大量の煙が隣国にまで流れて大気汚染の被害が出ています。

ダイエット食のために森が消える

　日本ではダイエット食としてもてはやされているバナナの90%は、フィリピンからの輸入です。おもな生産地のミンダナオ島では熱帯林を切り開き、大規模なバナナ畑がひろがっています。ここは先住民が住んでいた土地で、人びとは森の自然と共生していました。ただ同然で土地を買収されて行き先を失った先住民の多くは、農園にやとわれ、低賃金で働くしかありません。

　同じ品種のバナナを大量栽培するので病虫害が発生します。そこで大量の農薬が飛行機で畑に散布されますが、農薬中毒になる地元民もいます。

　フィリピンでは多様な品種のバナナが育ちます。しかし、いっしょに栽培すると効率が悪いので、単一の品種を栽培しがちです。多様な遺伝子を失うと、将来バナナの品種を改良したくてもできません。

▲アメリカや日本の企業が経営にかかわっているバナナ畑（フィリピン・ミンダナオ島）。

＜もっと知りたい＞

生物多様性を乱すとひろがる感染症

　人間に感染して病気をおこすウイルスの一部は、熱帯林にくらすコウモリなどの体内に共生しています。森林破壊で森を追われたコウモリが、人間のそばにきて家畜にウイルスを移します。その家畜から変異したウイルスが人間に感染すると考えられています。

　ウイルスは、自分では子孫をつくれないので、ほかの生きものを宿主にし、その細胞に寄生して分身をふやしていきます。地球上にはたくさんの種類のウイルスがいて多くは無害ですが、なかには分身をふやす過程で宿主の体を傷つけ、殺すものもいます。しかし、宿主をみな殺しにすると、ウイルスにも寄生相手がいなくなり、生きていけません。宿主の側もウイルスに対して免疫をもって体をまもろうとします。人間とウイルスとの間では、このような関係が昔からくりかえされてきたと考えられています。

　近年、感染症が世界中に急速にひろがるのは、グローバル化の影響です。人やものの行き来がはげしくなり、世界各地で都市化が進み、人口が集中して過密になったからです。

▲コウモリによって運ばれるウイルス。コウモリから家畜へ、家畜から変異したウイルスが人へ、人から人へ感染。

生かそう里山の知恵
―SATOYAMAイニシアティブ

▶経済成長で都市に人口が集中して次つぎとビルが建設される（インドネシア・ジャカルタ）。

グローバル時代の地球

　グローバル時代、人やものの行き来はさかんになり、都市には人がたくさん集まります。ものは大量生産され、都市では消費しきれないものが"ごみ"となってあふれています。

　地球の人口はどんどんふえています。2019年で約77億人ですが、2050年には97億人をこえると予測されています。地球はどんどんせまくなっていきます。ふえる人口を養うために食糧が必要です。世界各地で大規模な農場が開かれ、小麦やトウモロコシ、大豆などが大量生産されています。大量生産のために農薬や化学肥料もたくさん使われます。しかし、地球の環境には負担が大きく、このままでは生物多様性からのサービスにも限界があります。

　そんなとき提案されたのが「SATOYAMAイニシアティブ」です。2010年、愛知県名古屋市で開催された生物多様性条約第10回締約国会議（47ページ参照）のときです。

世界共通の里山に学ぶ

　「SATOYAMAイニシアティブ」のイニシアティブは英語で「構想」とか「計画」という意味です。どんなことが提案されたのでしょうか。日本の里山の大きな特徴は、田んぼを中心とする農業を営んで生まれた自然があることでした。里山の農業は生物多様性にささえられ、ものも生きものの命も循環しています。持続可能な資源の利用がされていることです。

　世界各地にも、土地の気候に応じた農業や畜産業、林業などがあり、いずれも土地の生物多様性の働きをうまく利用してきました。日本の里山と同じです。ところが、グローバル化で国際的な経済にのみこまれて経営が成り立たなくなり、生産方法を転換するなど、日本と共通する問題をかかえています。

　世界各地の里山的な土地の生業には、自然と共生してきた人びとの知恵があります。生物多様性にささえられた生業に学べる点がたくさんあります。その知恵に学び、現代の科学技術をうまく生かせば、命もものも循環する生活をとりもどせるはずです。

▲かやぶき屋根がのこる日本の里山風景。かつての養蚕地帯で、いまも桑畑がひろがり、農家のつくりは養蚕向きにできている（山梨県上野原市西原）。

▲ヨーロッパの里山。手前は麦畑や野菜畑、丘陵のふもとに民家、斜面はブドウ畑。地形を上手に利用している（スイス・チューリッヒ郊外）。

▲ヒマラヤ山麓の里山。人びとは地形を上手に利用して棚田を開き、米を主食にくらしている（ブータン・プナカ地方）

第3章
生物多様性を
とりもどそう

▼武蔵野台地の下の田んぼ（東京都三鷹市）。

◀外来種のミシシッピアカミミガメ。

▶まち中の清流で川遊び（東京都東久留米市・落合川）。

▲温暖化で水没が心配なサンゴ礁の島。

　生物多様性は地球温暖化もふくめて全地球人の環境問題と深く関連しています。人間は地球の生物多様性のめぐみで生きています。いま、地球上でおこっているさまざま問題は、生物多様性だけでなく、これを利用している人間社会の問題でもあります。足元の日本の自然だけでなく、国際社会のことも見ていかなければ解決できません。地球からのめぐみが絶えないようにするにはどうしたらいいのか、考えてみましょう。

国際間でとりくむ生物多様性

地球環境問題と国際会議

　生物多様性は地球環境問題と深い関係があります。1950〜60年代、欧米の先進国の急速な経済発展で大気や水の汚染、廃棄物が一気にふえました。このとき、人びとは無限と考えていた大気や水など、環境資源の浄化能力の限界に気づいたのです。

　1972年、スウェーデンのストックホルムで国連人間環境会議が開かれました。きっかけは北欧の森林や湖の生きものが死ぬ酸性雨です。ヨーロッパの工場地帯からやってくる雲から降る雨で深刻な被害が出たのです。会議では、地球はひとつの「宇宙船」、みんなが協力してまもらなければ未来はない、という意見で一致しました。いっぽう開発途上国の環境問題も深刻でした。ふえる人口に対してとぼしい食料、住宅、教育施設の不足、自然災害、疫病の流行など、貧困からの脱出が最大の課題でした。

ブラジルの地球サミット

　その後も地球の環境悪化は進み、環境に関する会議が何度も開かれました。画期的だったのが1992

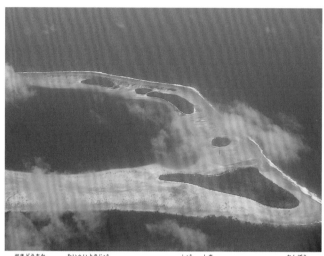

▲赤道近くの太平洋上にうかぶサンゴ礁の島（ミクロネシア連邦）。気候の温暖化による海面上昇で、サンゴ礁でできた標高の低い島国は、海にしずむことが心配されている。

年、ブラジルのリオデジャネイロで開かれた国連環境開発会議（地球サミット）です。先進国と発展途上国が、持続可能な開発と地球を保全するために協力関係を築こうとする重要な会議でした。会議で出されたリオ宣言のルールとして採択されたのが、「気候変動枠組条約（地球温暖化防止条約）」と「生物多様性条約」です。当時、世界各地の熱帯雨林で開発が進み、温室効果ガスの二酸化炭素を吸収して

▲北欧の森と湖。1960年代、酸性雨が原因で湖から生きものが消えた。その後、石灰で中和したが、生きものをよびもどすのはむずかしい（フィンランド・タンペレ郊外）。

▲酸性雨で弱った森林。工場地帯からの汚染物質だけでなく、自動車の排ガス中の酸化物質などが酸性雨を引きおこしていた（ドイツ・フライブルク郊外）。

▲森林の開発で荒れ地になった土地。多くの生きものを失った（ブラジル・アマゾナス州）。

愛知目標とその達成度

　愛知会議では生物多様性をまもるために採択された目標があります。「愛知目標（愛知ターゲット）」です。大きな目標は 2020 年までに生物多様性の減少を食い止めることでしたが、残念ながら達成できていない項目が多数あります。森林、草地、湿地、河川などをふくむ、あらゆる種類の生息地で、分断と劣化がつづいています。近年、日本にやってくる夏鳥が減っているのも生息地の劣化と関係があります。

　生態系を乱す外来種の移入経路はわかってきましたが、まだ効率的に移入を防げていません。日本では、オオクチバス（ブラックバス）などの外来魚の駆除がはじまっていますが、新たにヒアリのような外来昆虫が海外からの荷物にまじって入ってきています。種の保全については、両生類や魚類の多くで絶滅の危機がつづいています。日本では田んぼの構造を変えたため、環境の劣化でカエルや淡水魚の絶滅が心配です※。

くれる森林が大規模に伐採され、そこにくらす多くの生物が絶滅していました。

生物多様性条約締約国会議

　2010 年、生物多様性条約を結んでいる国ぐにと地域が愛知県名古屋市に集まり、生物多様性について話し合いました。生物多様性条約第 10 回締約国会議（COP10）です。このときの大きな議論は、資源をまもるための保護区の拡大と、遺伝子資源をめぐる利益の配分でした。保護区は海と陸の両方に分かれますが、開発途上国は保護区の資源にたよっているので、国の発展の支障になると主張しました。

　遺伝子資源のあつかいでは、先進国は遺伝子資源を利用して医薬品や食料品などを開発して利益を上げていますが、提供する途上国は見合う利益が得られていないと主張しました。最終的には日本をふくむ先進国が途上国を援助することで合意されました。

▲公園の池の水ぜんぶをぬく「かいぼり」。オオクチバスやブルーギルなどの外来種がたくさんいたが、在来種はわずかしか見つからなかった（東京都三鷹市）。円内はかいぼりでつかまったオオクチバス。その名の通りの大きな口で、在来種のモツゴやカエルのオタマジャクシ、トンボのヤゴなどをどん欲に食べてしまう。

※「愛知目標」を引きついだ 2030 年・2050 年までの目標が、生物多様性条約第 15 回締約国会議（COP15）で採択される予定。

生物多様性と持続可能な開発目標（SDGs）

国連環境開発会議からSDGsへ

1992年、国連環境開発会議でリオ宣言が採択されたとき、持続可能な開発のための「アジェンダ（行動計画）21」も採択されました。この行動計画には自然環境だけでなく、それを利用する社会の人びとの行動指針も示されました。

2000年の国連ミレニアム・サミットでは、「アジェンダ21」を受けついだ「ミレニアム開発目標」が採択され、2015年には「持続可能な開発目標」（SDGs）へと発展しました。SDGsは英語の Sustainable（持続可能な）Development（開発）Goals（目標）の略称です。これには2030年までに達成する目標が定められています。

気候変動（地球温暖化）と生物多様性は地球環境問題の大きなテーマです。国際間で地球環境問題を話し合ううちに、自然環境だけでなく人間社会の環境も深く関係していることがはっきりしてきました。

▲ごみで海を埋め立ててつくった土地に生まれたスラム街。衛生状態のきわめて悪い場所にも人びとはすんでいる。住人の多くは地方の農村地帯などから都市をめざしてきた人たち（インドネシア・ジャカルタ）。

よりよい地球環境とよりよい人間社会を築くための行動指針が示されたのです。

SDGsには17の大きな目標と具体的な169のターゲット（達成基準）がかかげられています。この目標の中には「13. 気候変動に具体的な対策を」「14. 海の豊かさを守ろう」「15. 陸の豊かさも守ろう」など、気候変動や生物多様性と関連の深い項目もあります。じつはほかの目標も根っこの部分で地球環境と深くつながっているのです。

SUSTAINABLE DEVELOPMENT GOALS

◀SDGsの17の大きな目標。各目標の内容を視覚化し、絵や色、標語でデザインしている。

▲山にへばりつくように築かれた貧民街（ファベーラ）。多くは不法に建てられた住宅。手前は日本人学校のグラウンド。学校が創立された1971年ごろは、まわりは何もない丘陵地帯だった（ブラジル・リオデジャネイロ）。

自然環境破壊は人間社会の問題

　前にフィリピンのバナナの話をしました（43ページ参照）。熱帯林を開発して単一作物を育てる農業は、自然生態系に対し問題があるだけではありません。そこにくらす先住民の生活をうばい、農薬散布で健康被害もおこしています。また低賃金で地元民を働

▲教育を受けるのはすべての子どもの権利。幸せの国ブータンでは、授業をはじめる前の朝礼で、仏の知慧をつかさどる文殊菩薩に祈りをささげる（ブータン・パロの小学校）。

▲グローバル時代、人びとは国境をこえて都市に集まる（オランダ・アムステルダム）。

かせています。自然環境面ではＳＤＧｓの「15. 陸の豊かさも守ろう」に反し、社会的な面では「1. 貧困をなくそう」「3. すべての人に健康と福祉を」「10. 人や国の不平等をなくそう」「11. 住み続けられるまちづくりを」などに反しています。

　日本では、農林水産業がＳＤＧｓの「14. 海の豊かさを守ろう」「15. 陸の豊かさも守ろう」と関連します。しかし、この分野で働く人の人口が減っています。「8. 働きがいも経済成長も」が、いまの日本の農林水産業では見こめないのが原因かもしれません。

　私たちには、かぎられた地球の資源と生態系サービスのもとで、共生し、資源を循環させながら生きていくしか道はありません。グローバル時代、地球上でおこる自然現象や社会的な事件は、国際関係ぬきには語れません。国際間でよく話し合い、共生社会を築いていくことがますます求められています。

生物多様性を高める行動
——森や田んぼを生かす

生物多様性の維持管理

　日本の各地には、人間によって傷ついた生物多様性があることも事実です。いっぽうで市民によって、元気な自然環境をとりもどす試みや、生物多様性を積極的に高めようとするとりくみがはじまっています。その現場を訪ねてみましょう。

森のめぐみでまちおこし

　埼玉県秩父市の奥山に育つカエデから樹液をとってメープル・シロップをつくり、食品製造に利用することで、「まちおこし」をしている人たちがいます。

　秩父地方の天然林の多くは拡大造林でスギ林に変わりましたが、安い輸入材のために木材価格が下落し、林業は衰退しました。多くのスギ林は放置状態でしたが、手入れ伐採をして市場に出すとともに、天然林のカエデからはメープル・シロップを生産し

▶色づく秋の渓谷（埼玉県秩父市・中津峡）。

ています。スギを伐採したあとにはカエデを植えて天然林にもどしています。森のめぐみをうまく生かしながら経済も成り立つ、持続可能な開発です。

　なお、秩父地方には日本に生育するカエデの仲間28種のうち21種が自生しています。秋の秩父地方の紅葉はみごとで、多くの観光客が訪れています。

◀枝打ちをして手入れをしたスギ林。地面に光があたるので下草が生えてきている。

▲子どももいっしょにカエデの苗を植える（左）。2〜3月、カエデの幹から樹液を採取。冬、木は樹液がこおらないように糖度を上げる（右）。採取でしみだすカエデの樹液（円内）。

田んぼに鳥をよんで米づくり

　神奈川県茅ヶ崎市の農家の人たちが、川や田んぼの自然環境をまもっている地元の自然保護グループの協力のもと、「タゲリ米」という米をつくって販売しています。タゲリは冬にシベリアから飛んでく

▶冬鳥のタゲリ。頭にある飾り羽（冠羽）が特徴。全長 28 〜 33cm。

▼タゲリ米をみんなで田植え。

◀用水路はコンクリート製になったが、魚道を工夫して、川と田んぼの間を魚が行き来できるようにした。

▲魚道を利用して田んぼにやってきたナマズ。

る渡り鳥です。冬の間、田んぼで土の中の生きものをとって食べるので、タゲリにはたいせつなえさ場です。しかし、茅ヶ崎市は大都市に近いので、田んぼはどんどん宅地化しています。やってくるタゲリも減り、現在神奈川県では絶滅危惧 II 類になっています。

そこで、タゲリをよぶための工夫がされています。冬、休耕田に水を張り、小さな生きものがすめるようにした「冬みず田んぼ」、川にすむドジョウやナマズが田んぼで産卵できるように、水路に設けた魚道などです。とれた米は、地元のせんべい、まんじゅう、酒に使われ、「まちおこし」にも役立っています。

わき水を利用してワサビ田の復活

東京都三鷹市の武蔵野台地のがけ下に、冷たいわき水が流れだしています。この水を使ったワサビの栽培が市民有志の手でおこなわれています。このワサビはいまから約 200 年前の江戸時代、ここにすむ農家の先祖が三重県伊勢地方からもち帰って栽培したのがはじまりです。当時、江戸市中で販売され、味がよいと評判でした。栽培は代だい受けつがれてきましたが約 30 年前、後継者がいなくなり栽培は終わりました。

あたりは里山的な景観がのこり、家屋も古民家としての歴史的価値があると評価され、市がリニューアルし、エコミュージアムとして一般に公開されています。ここではワサビの栽培や生態について学べ、ワサビの試食会もおこなわれています。

▲武蔵野台地のがけ（国分寺崖線）の下に開かれたワサビ田でワサビの苗を植えつける作業。

▶収穫したワサビ。遺伝子を調べたところ、200 年前から代だいつづいてきた貴重なワサビであることがわかった。

▲ワサビ田のそばには、同じわき水を使った田んぼがある。この田んぼを利用して市内の子どもたちがイネづくりの農業体験をしている。

生物多様性を高める行動
——池や川、海をよみがえらせる

池の水をぬく

東京都三鷹市にある井の頭池は、わき水をためてできた池です。かつては底まですけて見えるきれいな池でしたが、自然湧水が地下水位の低下で減り、いまは地下水をポンプでくみあげて池に流しています。開園100周年の2017年をめざし、昔のようにきれいな池の姿をとりもどそうと、池の水をぬく市民参加の「かいぼり」が3回おこなわれました。

はじめのかいぼりでは、外来魚のオオクチバスやブルーギルがたくさんつかまり、在来魚はわずかでした。かいぼりをおこなうごとに水はきれいになり、外来魚が駆除されたので、在来魚もふえてきました。そればかりではありません。井の頭池の固有種で藻類のイノカシラフラスコモが復活し、絶滅危惧種になっている水草のツツイトモも池底いっぱいにしげるまでになりました。かいぼりで水質の浄化が進んだことが証明されたのです。

▲かいぼりでよみがえった固有種のイノカシラフラスコモ。絶滅危惧Ⅰ類（2016年初夏）。

▶かいぼりでよみがえったツツイトモ。水面上で花をさかせる水草。絶滅危惧Ⅱ類（2019年夏）。

川のごみ拾いと自然保護

東京都を流れる荒川下流域で活動している荒川クリーンエイド・フォーラム（特定非営利活動法人）の人びとは、河川のごみを拾い、自然を回復させるとともに、環境を美化する運動をおこなっています。収集したごみは種類や数をこまかく記録し、それを科学的に分析して、生産者、消費者へ伝え、環境問題についての提言をおこなっています。

子ども向けには、河川の自然観察会をおこなうなど、河川の自然への関心を高める催しも開いています。また、流域の

◀かいぼり前の井の頭池（2004年春）。

▼かいぼりで底があらわれた井の頭池（2014年冬）。

▶ヨシ原は川の生きものにとってたいせつな休息や避難場所。流れつくごみはたいせつな場所を破壊する。

自然保護団体とシンポジウムをおこなうなどの交流や情報の交換もおこなっています。

いま問題になっている海洋プラスチックの多くは、河川を通じて海に流れでています。この団体は、河川で収集されるプラスチックごみに注目し、早くからプラスチック問題にもとりくんできました。

よみがえったアマモ

神奈川県横浜市の野島海岸は、春の潮干狩りの時期、たくさんの人でにぎわいます。ここは現在、東京湾で数少ないアマモ（海草）が群生する海です。かつて、東京湾にはいたるところにアマモが群生し、魚たちの産卵場や稚魚たちが外敵から身をかくす場所になっていました。しかし、高度経済成長時代、東京湾のうめ立てが進み、いつしかアマモも姿を消しました。そこで昔の海をとりもどしたいと考える人びとが行動をおこしました。アマモを根気よく移植したのです。おかげで野島海岸では、いまは潮干狩りをする人びとの足元で、アマモが波間にゆれる姿が見られるまで復活しました。

アマモにかぎらず海岸沿いに海藻をふやすことは、魚介類をふやして生物多様性を高め、里海の復活にもなります。アマモや海藻は光合成をするので、二酸化炭素を吸収し、酸素をはきだしてくれます。いわば海中の森林です。日本は海岸線の延長距離がとても長いので、海岸線に沿ってアマモや海藻を育てることは、二酸化炭素の削減にも役立ちます。

▲東京の下町を流れる荒川でごみ拾い。

▲河口近くの海岸でごみの調査。ごみの数を種類ごとに記録している。

▶潮干狩りをする人びとの足元でゆらめくアマモ。

監修者　小泉武栄（こいずみ　たけえい）

1948年、長野県飯山市に生まれる。東京学芸大学卒業。東京大学大学院博士課程単位取得。理学博士。東京学芸大学教授を経て、現在、名誉教授。専門は自然地理学、地生態学。生きものがくらす舞台である土地の地質や地形、気候、歴史などを総合的にとらえる独特の視点で、自然を研究、自然を見る楽しさの普及に力を入れている。著書に『日本の山はなぜ美しい』（古今書院）、『山の自然学』（岩波新書）、『山の自然教室』（岩波ジュニア新書）、『自然を読み解く山歩き』（JTBパブリッシング）、『日本の山と高山植物』（平凡社新書）、『地生態学からみた日本の植生』（文一総合出版）、『日本の山ができるまで』（エイアンドエフ）など多数がある。元日本ジオパーク委員会委員。

著者　岡崎　務（おかざき　つとむ）

1949年、大阪府に生まれる。少年時代を豊かな自然にめぐまれ遺跡が点在する里山で育ち、昆虫採集や土器片収集に没頭。のちに気象や天文現象にも興味を持ち、空の観望を楽しんでいる。1971年、児童図書出版社に勤務、自然科学書の編集に携わる。1991年独立。編集や執筆の仕事を続けている。著書に「体験取材！世界の国ぐに」の『インドネシア』『スイス』『オランダ』『ブータン』『フィンランド』『ミクロネシア連邦』『ブラジル』ほか（以上はポプラ社）、『紅葉・落ち葉・冬芽の大研究』『どんぐりころころ大図鑑』『田んぼの生き物わくわく探検！』『田んぼの植物なるほど発見！』（以上は共著、PHP研究所）、『縄文人のくらし大研究』（PHP研究所）などがある。

●写真提供者（敬称略・あいうえお順）
愛高行：p24＝流氷とオオワシ／新井裕：p12＝アキアカネの卵とヤゴ／飯村茂樹：p8＝メダカ関連すべて、p10〜11＝カエル関連すべて、p12＝アキアカネのヤゴの捕食、羽化、産卵、p19＝イノシシの親子、p25＝コハクチョウ、p31＝ヨシ原のオオヨシキリ、p32＝アオバズク、ツバメ、カケス／内田博：p29＝サシバ、ホトトギス、ウグイスの子育て、ホトトギスのヒナ／岡崎みづほ：p30＝ダウン・ハウス、同温室／川嶋一成：p16＝ハマグリ、水管を出すアサリ、p17＝赤潮、ケイソウ、ミジンコ、p24＝アオサンゴ／岸一弘：p14＝ギフチョウの成虫、卵、終齢幼虫、さなぎ、p31＝冬眠中のナミテントウ／岸村高洋：p15＝ゴマシジミの産卵／庫本正：p15＝オオウラギンヒョウモン、オキナグサ、p35＝ムラサキ／三翠会：p51＝タゲリ、田植え、魚道、ナマズ／瀬川強：p22＝ツキノワグマの子ども、p25＝オオルリ／秩父百年の森：p50＝カエデの植林、カエデの樹液採取、しみだす樹液／東京都西部公園緑地事務所：p52＝イノカシラフラスコモ、ツツイトモ／永盛俊行：p15＝ゴマシジミの幼虫を運ぶクシケアリ／松田喬：p32＝ミツバチ、ミツバチの巣箱、人工受粉／三鷹市スポーツと文化部生涯学習課：p36＝縄文土器／山口県栽培漁業公社：p17＝アサリの受精卵と幼生
※提供写真のほかは著者撮影

●取材協力：NPO法人荒川クリーンエイド・フォーラム／三鷹市スポーツと文化部生涯学習課

●参考文献
『シカのくらし』増田戻樹・著（あかね書房）1980年／『カラスのくらし』菅原光二・著（あかね書房）1981年／『メダカのくらし』草野慎二・著（あかね書房）1987年／『自然を守るとはどういうことか』守山弘・著（農山漁村文化協会）1988年／『チョウが消えた!?』原聖樹、青山潤三・著（あかね書房）1993年／『保全生態学入門』鷲谷いづみ、矢原徹一・著（文一総合出版）1996年／『むらの自然をいかす』守山弘・著（岩波書店）1997年／『森と田んぼの危機』佐藤洋一郎・著（朝日新聞社）1999年／『メダカが消える日』小澤祥司・著（岩波書店）2000年／『「百姓仕事」が自然をつくる』宇根豊・著（築地書館）2001年／『メダカはどこへ』河野實・著（展望社）2002年／『メダカと日本人』岩松鷹司・著（青弓社）2002年／『里やま自然誌』中村俊彦・著（マルモ出版）2004年／『生きものたちのシグナル』毎日新聞科学環境部・著（岩波ジュニア新書、岩波書店）2005年／『赤とんぼの謎』新井裕・著（どうぶつ社）2007年／『マグロが減るとカラスが増える？』小澤祥司・著（ダイヤモンド社）2008年／『田園の魚をとりもどせ！』高橋清孝・編著（恒星社厚生閣）2009年／『生命にぎわう青い星』樋口広芳・著（化学同人）2010年／『生物多様性と私たち』香坂玲・著（岩波ジュニア新書、岩波書店）2011年／『生物多様性の大研究』小泉武栄・監修、岡崎務・構成（PHP研究所）2011年／『さとやま』鷲谷いづみ・著（岩波ジュニア新書、岩波書店）2011年／『いのちはつながっている　生物多様性を考えよう』（環境省自然環境局）2012年／『唱歌「ふるさと」の生態学』高槻成紀・著（ヤマケイ新書・山と渓谷社）2014年／『田んぼの生き物わくわく探検！』大塚啓志・監修、飯村茂樹・写真、岡崎務・文（PHP研究所）2015年／『田んぼの植物なるほど発見！』星野義延・監修、飯村茂樹・写真、岡崎務・文（PHP研究所）2015年／『シカ問題を考える』高槻成紀・著（ヤマケイ新書・山と渓谷社）2015年／『トンボをさがそう、観察しよう』新井裕・著（PHP研究所）2016年／『海辺の生きもの大探検！』川嶋一成・著（PHP研究所）2019年

●企画・編集：プリオシン（岡崎　務）

●イラスト・図版：青江隆一郎

●レイアウト・デザイン：杉本幸夫

さぐろう生物多様性
身近な生きものはなぜ消えた？

2020年9月3日　第1版第1刷発行
2022年5月2日　第1版第3刷発行

監修者　小泉武栄
著者　岡崎　務
発行者　永田貴之
発行所　株式会社PHP研究所
　東京本部　〒135-8137 江東区豊洲 5-6-52
　　児童書出版部 TEL 03-3520-9635（編集）
　　普及部 TEL 03-3520-9630（販売）
　京都本部　〒601-8411 京都市南区西九条北ノ内町11
　PHP INTERFACE　https://www.php.co.jp/

印刷所　図書印刷株式会社
製本所

NDC468　55P　29cm